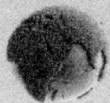

学生最喜爱的科普书
XUESHENGZUIXIAIDEKEPUSHU

U0652655

地球上的
江河海洋

刘 艳◎编著

在未知领域 我们努力探索
在已知领域 我们重新发现

延边大学出版社

图书在版编目（CIP）数据

地球上的江河海洋 / 刘艳编著 . —延吉：延边大

学出版社，2012.4（2021.1 重印）

ISBN 978-7-5634-4697-1

Ⅰ.①地… Ⅱ.①刘… Ⅲ.①河流—青年读物②河流

—少年读物③海洋—青年读物④海洋—少年读物

Ⅳ.① P941.77-49 ② P7-49

中国版本图书馆 CIP 数据核字 (2012) 第 058608 号

地球上的江河海洋

_____

编　　　著：刘　艳

责 任 编 辑：崔　军

封 面 设 计：映象视觉

出 版 发 行：延边大学出版社

社　　　址：吉林省延吉市公园路 977 号　　邮编：133002

网　　　址：http://www.ydcbs.com　E-mail：ydcbs@ydcbs.com

电　　　话：0433-2732435　传真：0433-2732434

发行部电话：0433-2732442　传真：0433-2733056

印　　　刷：唐山新苑印务有限公司

开　　　本：16K　690×960 毫米

印　　　张：10 印张

字　　　数：120 千字

版　　　次：2012 年 4 月第 1 版

印　　　次：2021 年 1 月第 3 次印刷

书　　　号：ISBN 978-7-5634-4697-1

_____

定　　　价：29.80 元

前言 ●●●●●●
Foreword

　　人类生存的根本来源于"水"，它是人类生存和发展中不可缺少的重要物质。人体如果没有水，氧气不能运到所需部位；营养和激素也不能到达它所作用的部位；体内所产生的有毒物质和废物需要排出体外，废物不能排出，新陈代谢将停止，人也将死亡。因此，水对于人的生命有着不可替代的重要意义。

　　地球虽然有 70.8％ 的面积为水所覆盖，但淡水资源却极其有限。在全部水资源中，97.5％ 是咸水，无法饮用，在余下的 2.5％ 的淡水中，有 87％ 是人类难以利用的两极冰盖、高山冰川和永冻地带的冰雪。人类真正能够利用的是江河湖泊以及地下水中的一部分，仅占地球总水量的 0.26％，而且分布不均。

　　本书主要介绍世界著名大河、湖泊及海洋的分布位置、气候、重要

性等。另外，还介绍了内陆海和陆缘海，内陆海大部分被大陆包围，它通过海峡与大洋或其他海相连，如渤海和位于亚、非、欧三个大陆之间的地中海等。陆缘海位于大陆的边缘，与大洋直接相连。然而，它们之间的界线不明显，常用半岛或群岛作分界线。各大洲的主要河流各有特色，都有着不同的经济价值，为沿岸地区的经济发展和生活用水提供了重要的条件。水养育了人类，造就了文明：两河流域兴起了古巴比伦文明；尼罗河创造了古埃及文明；黄河是中华文明的发源地；海洋使古希腊文明一度辉煌。河流世世代代的滋润着大地、哺育着人类，成为人类文明发展的摇篮。

现今，水污染以及对海洋污染的情况令人震惊。海洋的浩瀚无边与自动净化能力，使人类一直把海洋当作最大的天然垃圾坑，倾废是人类利用海洋的主要方式。各国特别是工业国家每年都向海洋倾倒大量废物，如下水污泥、工业废物、疏浚污泥、放射性废物等。

一切生命都是依据水来生存的，哪里有水，哪里就有生命，因而丰富的水资源带给人类无限的价值：人类生活离不开水，工农业生产中水更是重要原料。现在经济的发展速度不断加快，人类的物质生活都有了很大的改善。然而，伴随着经济的发展，环境污染、水资源污染却越来越严重。除了工厂不按规定处理废水外，生活污水、垃圾也是造成环境、水污染的主要原因。保护环境，减少水污染要靠每个人的力量，加强责任心和环保意识至关重要。河流是大地的血脉，需要我们的保护。洁净的淡水给我们的生活带来了安康和欢乐。但是，被浪费和污染的淡水量非常大，如不加以制止，那么在未来生活中，世界上的水资源将会严重短缺。因此，水资源是维系地球生态环境可持续发展的首要条件。

本书中还将河流及海洋赋予了童话色彩，更加吸引读者来了解水资源对我们的重要性。让更多的人们认识到水资源并非"取之不尽，用之不竭"，呼吁更多的人保护水资源、保护我们的地球。

目录
CONTENTS

第❶章
亚洲的江河海洋

第❷章
非洲的河流湖泊

第**3**章

欧洲的江河海洋

第**4**章

北美洲的河流湖泊

第❺章

南美洲及大洋洲的江河海洋

第❻章

水源污染情况及后果

亚

洲的江河海洋

YAZHOUDE JIANGHEHAIYANG

第一章

亚洲是世界上面积最大的洲，气候比较复杂，地形结构独特，因此亚洲河流的分布和发育都具有明显的特点。亚洲的地形是中部高四周低，中南部是青藏高原和帕米尔高原，亚洲的大部分山脉从这里分散出去。因地域辽阔，不少河源形成长河，其中流程在4000千米以上的河流有：鄂毕河、叶尼塞河、勒拿河、黑龙江、黄河、长江等，它们都是太平洋流域的大河。亚洲的海洋资源也非常丰富，且分布在亚洲的海有：白令海、日本海、渤海、红海等，它们通过海峡与大洋或其他海相连。

鄂毕河——六大集水区之一

E Bi He——Liu Da Ji Shui Qu Zhi Yi

鄂毕河是亚洲最大的河流之一，长度约为 3700 千米，流域面积达到了 260 万平方千米。源于阿尔泰山，以曲线形状向西、北奔流，穿越西伯利亚，经鄂比湾注入北冰洋的喀拉海，约占喀拉海流域的一半，成为了世界第六大集水区，鄂毕河支流众多。在河中或湾里发现的约 50 种鱼类中，最有经济

※ 鄂毕河

价值的是鲟和白鲑，也可捕捉到狗鱼、江鳕、西伯利亚代斯鱼、鲤鱼及鲈鱼。然而，季节性冰盖造成水中缺氧，每年冬季在特姆河交汇处至三角洲之间的河段会有大量的鱼死亡。由于鄂毕河在俄罗斯西伯利亚西部，远离大西洋，因此，气候属于典型的大陆性气候。冬天寒冷而漫长，平均气温在 -20℃ 左右，夏季较温暖。随着太阳光辐射的减少，7 月份的平均温度在 10℃ 左右。

鄂毕河不但水能资源丰富，而且还是西部西伯利亚的主要运输通道。水能资源的水电潜力约为 2500 亿千瓦，现已经建成三个发电站，其中一个在鄂毕河正河上的新西伯利亚，其他两个发电站建于额尔齐斯河山间河段上的布赫塔尔马和乌斯季卡缅诺戈尔斯克。

▶ 知识链接

河流是部落发展的起点，是人类文明的发源地，是陆地淡水的重要组成部分，动态水资源是人们开发利用的重点。

鄂毕河位于西伯利亚西部，也是俄罗斯著名的长河之一。鄂毕河是由卡通河与比亚河汇流而成，自东南向西北流再转北流，纵贯西伯利亚，最后注入北冰洋喀拉海鄂毕湾。鄂毕河流量丰富，但航运价值不大，因河流

※ 鄂毕河风光

结冰期长，气候寒冷。在鄂毕河流域及两岸的油田石油的蕴藏量极为丰富，将来经济也会得到很大的发展。鄂毕河辽阔壮观，两岸支流风景优美，作为旅游资源有很大发展前景。

拓展思考

1. 亚洲最长的河流是哪条？
2. 亚洲面积最大的河流是哪条？
3. 亚洲最深的河流是哪条？

富饶的叶尼塞河

Fu Rao De Ye Ni Sai He

叶尼塞河是俄罗斯水量最大的河流，也是世界大河之一。叶尼塞河位于亚洲北部，中西伯利亚高原的西侧，它是流入北冰洋最大的河流。比密苏里河——密西西比河稍短，但流量是前者的 1.5 倍，它的流域范围包含了西伯利亚中部大部分地区。从以色楞格河——安加拉河为源头计算，全长 5000 多千米。从萨彦岭流出的叶尼塞河，成了一条通航的河流。

叶尼塞河有两条源流河，分别为：大叶尼塞河与小叶尼塞河，它们在克孜勒附近汇合后总称为叶尼塞河。河内鱼类非常丰富，其中有鲟、白鲑、西伯利亚七鳃鳗、金银鲤鱼等多种鱼类。叶尼塞河流域北部是亚北极气候，中部和南部是显著的大陆性气候。冬季长久，温度很低（－28℃左

※ 叶尼塞河

右）。夏天时，北部地区非常清凉。叶尼塞河流域居住着多种民族，有俄罗斯人、乌克兰人、雅库特人、埃文基人等，主要以养殖、渔猎为生，并且有煤炭业采矿以及加工业等。其河流量比较大，加上其特殊的支流形态非常有利于水能资源的开发。水能资源主要集中在叶尼塞河的支流上，在安加拉河上修建的伊尔库茨克水电站为第一座水电站，第二座水电站是布拉茨克水电站，乌斯季伊里姆水电站是安加拉河上的第三座水电站，安加拉河上的第四座水电站是博古昌水电站。已建以及拟建的容量在 250 万千瓦以上的水电站有 10 座，总年发电量在 1560 亿千瓦/小时。由此可见，叶尼塞河有着极其丰富的资源。

▶知识链接

　　叶尼塞河以两条河流——波塞尔河及马尼尔河为源头。这两条河流在克孜勒聚合。它最大的源头是色楞格河形成东南面的三角洲，它另一支流为土拉河经过乌兰巴托。叶尼塞河在西沙以约 700 千米的长度流过一片草原，直到处于美那也的大水坝。

　　叶尼塞河附近一带地区还是重要的水运路线。叶尼塞河流域内富含煤炭、有色金属、铁、铜、森林和水产资源，下游渔业发达。夏季景色非常

※ 叶尼塞河风光

的秀丽，辽阔壮观，是旅游观光的好去处。

◎关于叶尼塞河的故事

很久以前，在西伯利亚住着一位富有的和强壮的老人名叫贝加尔。这位老人有300多个老婆，但只有一个女儿——安加拉。

有一次，从西边刮来的风，给美女安加拉带来了勇士叶尼塞的问候，安加拉很高兴。但后来，她感到很寂寞，叶尼塞离她很远，她听不到他的声音，不能够同他交谈。因此，安加拉派了一

※ 叶尼塞河风光

些海鸥去西方，请它们代替她向叶尼塞转达温柔的话语，她开始等待着他回答。

在一个阳光明媚的日子里，风儿又把叶尼塞的问候带给了她，勇士召唤安加拉到他那儿去。于是，安加拉决定逃离贝加尔。

有一天夜里，贝加尔醒来后发现女儿不见了，老人大发雷霆。他想抓住女儿，便开始往她逃走的路上扔巨大的石头。安加拉跑得很快，而且有海鸥在前面飞着带路，它们把巨石之间的路指给安加拉看。就这样，老人没有抓到女儿，美女安加拉终于逃到了勇士身边。直到现在，他们仍然和睦并且幸福地生活在一起。

拓展思考

1. 叶尼塞河流经哪些地方？
2. 流入北冰洋最大的河流是哪条？
3. 叶尼塞河是世界第几长河？

6

亚洲最冷的地方——勒拿河

Ya Zhou Zui Leng De Di Fang——Le Na He

勒拿河源于西伯利亚南部的贝加尔山脉海拔约为1640米处，最后流入北冰洋拉普捷夫海滨的三角洲河口，长度约为4400千米，是世界最长河流之一，流域面积约为240多万平方千米。勒拿河分三段：河的源头到维季姆河口为上游；维季姆河口到阿尔丹河口为中游；阿尔丹河口到入海口为下游。

※ 勒拿河

在10世纪时期，当时中国的辽国曾派官员前往勒拿河流域考察；17世纪，俄罗斯帝国已扩张到勒拿河流域，清朝文献曾将勒拿河称为列拿河。《尼布楚条约》中，清俄谈判划分东段边界时，清朝曾提出以勒拿河为国界，东归清朝，西归俄国。但是在条约中，则确定以外兴安岭为界。

知识链接

勒拿河的航运有相当大的价值，流域内可航行与可流筏的河段总长超过了23000千米。沿着勒拿河的各个支流，人们可以到达最为荒僻和最难以接近的地区。勒拿河及其支流水能资源开发利用尚不充分，现在只在维柳伊河及其支流马马坎河进行了梯级开发，修建了维柳伊水电站和马马坎水电站。

勒拿河三角洲是位于俄罗斯西伯利亚中部冰封荒原的河系，占地约38000多平方千米，其伸展开的形状类似于树枝，因而形成了多个分支河道，河道分支的部分有利于砂岩形成油气聚集，但勒拿河在西伯利亚大河中开发程度最差。河流域内有森林、煤、金刚石、金、铁、天然气等丰富的资源。勒拿河的干流、支流是东西伯利亚河运交通的重要通道。

勒拿河流域的气候特征由大陆内部位置决定，冬季主要以晴天少风为特色的天气，其温度可降到－60℃左右，一年中有6～8个月都为结冰期，勒拿河流域的冬天是除了南极洲之外地球上最冷的地方。冬季十分寒冷，然而在勒拿河地区生存的动物以及鸟类都有着特殊的适应能力。像金翅雀和西伯利亚山雀等鸟类的羽毛极其的浓厚，主要用来抵挡严寒来袭。像黑貂、赤狐、灰狼等哺乳动物的皮毛十分的厚、软，因此它们常会遭到猎人的捕杀。此外，勒拿河三角洲保护区被列为俄罗斯面积最大的野生动物保护区，为许多的野生动物提供了一个安全的栖息地。

※ 勒拿河风光

※ 勒拿河的冬天

拓展思考

1. 勒拿河属于哪个国家？
2. 勒拿河在世界长河中占第几位？

神圣的黑龙江

Shen Sheng De Hei Long Jiang

黑龙江是以海拉尔河为源，上游有南北两个源头：南源为额尔古纳河，发源于我国的大兴安岭；北源为石勒喀河，源于蒙古人民共和国北部肯特山，全长约为 4000 多千米，面积约为 100 多万平方千米，最后流入鞑靼海峡。

黑龙江风景区非常秀丽，其中有五常龙凤山等许多风景区，黑龙江地域性特点的自然地貌环境，赋予了山地、森林、湿地等辽阔壮美的风景。因此，黑龙江的景观特色形成了独特的风景资源。

※ 黑龙江风光

知识链接

黑龙江曾被元朝纳入领土范围内，成为元朝内河。自 1858 年被中国认定为不平等条约的《瑷珲条约》签订后，黑龙江开始成为中俄大部分地区的边界。自珍宝岛事件后中苏关系逐渐恶化，两国军队开赴黑龙江沿岸，导致黑龙江地区局势危急。20 世纪 80 年代后才有所缓和。中华人民共和国与俄罗斯联邦在 20 世纪 90 年代至 21 世纪初相继确定了东端边界的走向。

◎黑龙江名字的来由

传说，在很早以前，这条江不叫黑龙江，因为江里住着一条凶恶的白龙而叫白龙江。据说，这一条白龙是在大禹治水的时候，许多性情凶恶的龙都被制伏了，而它却逃到这里，常使江水泛滥，冲毁房屋，淹没五谷，家畜野兽命丧汪洋。东西几千里，两岸少人烟，只有从山东来东北的一些伐木工人和船夫们，沿江搭着几间小窝棚，临时居住着。后来，为什么叫黑龙江呢？

很久以前，在山东住着一户姓李的人家，只有兄妹二人。一天，哥哥出远门了，妹妹李姐到河边洗衣服，因为天气太热，她不知不觉在海滩上睡着了。醒来后，她感到肚子很疼，忙收拾起衣服回家了。

谁知李姐的肚子一天天大起来，第二年的春天忽然生下一条小黑龙。李姐虽然很害怕，但毕竟是自己的孩子啊！她给小黑龙喂奶，小黑龙吃饱了就不见了。以后，小黑龙每天晚上都回来吃奶，吃饱了就走了。

不久，李姐的哥哥回来了，知道了这件事后，他偷偷地藏起了一把刀，晚上小黑龙又回来吃奶了，他突然举起刀狠狠地向着小黑龙砍去。只见一道火光闪过，屋里响起了一声响雷，小黑龙飞出去不见了，地上只留下了一段被砍下的龙尾巴，李姐心疼地哭了起来。

※ 黑龙江湿地

因为小黑龙生在李家，又被舅舅砍断了尾巴，所以大家都叫它"秃尾巴老李"。

秃尾巴老李被舅舅砍伤以后，不知跑到哪里去了，很久都没有消息。

又是一年的春天。一天，住在江边的一位老船夫正在做饭，忽然走过来一个穿黑衣的小伙子，他想在老船夫的草棚里借宿一夜。老船夫很欣赏这个又黑又壮的年轻人，连忙说："住下吧，等我做好饭，咱们一起吃。"

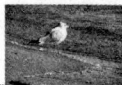

第二天小伙子要出去办事，老船夫约他晚上还回来住。小伙子答应了一声，就顺着江边向东走了。

本来天气很好，可小伙子走了不久，只见东边山上的天空阴云密布，雷鸣电闪。太阳快要落山的时候，东边的天空仍然一会儿黑，一会儿白。忽然，一团云落在江面，黑云也不见了。

天快黑了，老船夫又开始做饭。他想，小伙子昨天把我准备吃三天的饭都吃掉了，今天出去了一天，不吃饱怎么行呢？于是他做了比往常更加多的饭菜等小伙子回来。

黑小伙子回来以后，一口气又把饭吃光了。晚上临睡前，老船夫见小伙子直叹气，就安慰他不要发愁，还说他明天可以再去买米，这江边住的人也都会帮助他的。小伙子却说："一顿饭吃饱容易，顿顿吃饱难啊。"

说着说着，老船夫迷迷糊糊快要睡着了。忽然他听见有人在他耳边说："我是一条黑龙，家住在山东，人们都叫我秃尾巴老李。自从被舅舅砍了一刀后，一直住在东海。我常常听到北方有哭声，后来才知道是白龙江里的白龙作怪，它年年兴风作浪，淹死百姓，冲走庄稼。今天，我和白龙打了一仗，把白龙打败了，他让我明天中午再战。白龙的家在这里，它饿了有吃的；我是从远处来的，饿了没吃的，怎么能打败它呢？这就得求您帮助我。明天中午我和白龙打仗时，您站在东山顶上，见到江里黑水翻上来，就往江里扔吃的；看见白水翻上来，就往江里扔石头。这样，我就可以把白龙赶走了。"

老船夫听到这里，猛地坐起来，只见窗外天已经亮了，黑小伙也不知去向了。他走出草棚，看见附近的伐木工人们都在议论纷纷，原来，他们都做了和老船夫一样的梦。于是，大家决定一起帮助秃尾巴老李。他们蒸了好多大馒头，又准备了许多石头和石灰，一同上了东山。

中午刚过，天忽然阴了起来，只见江面上黑白两股水搅在了一起，发出"呼啦呼啦"的巨响。大家看见黑水翻了上来，就连忙扔吃的，高喊："秃尾巴老李，我们早来了"。看见白水翻上来，就把一筐筐石头扔下去，骂道："凶恶的白龙，快滚开！"经过一阵厮杀，忽然一股白烟腾起，一会儿就消散了。江面上，黑色的江水平静地向东流去。

那天晚上，黑小伙没再回到老船夫那里去。第二天一早，老船夫正要去南山开荒，一开门，黑小伙站在门外，笑嘻嘻地说："您歇歇，我去吧。"说完就走了。

老船夫忽然想到，小伙子没带工具，就拿起镐头送到了南山，他见一条没尾巴的黑龙正用头上的角推倒大树，已经开出了一大片荒地。老船夫想，这一定是秃尾巴老李了，就悄悄地回去了。

※ 黑龙江风光

　　黑小伙回来后，知道了老人已经看到他本来的样子，就说："以后我不再来了。那块地你种点儿菜，剩下的让大家种庄稼吧，告诉大家，以后我来管这条江，再不让江水伤害老百姓了，大家什么时候有什么困难，就来找我吧。"说完，黑小伙就不见了。

　　人们为了纪念为民除害的"秃尾巴老李"，就把这条江的名字改成了"黑龙江"。

| 拓展思考 |
1. 流经国家最多的河流是哪条？
2. 黑龙江流经哪几个国家？

中国的母亲河——黄河
Zhong Guo De Mu Qin He——Huang He

黄河是中国的母亲河，是世界第五长河，发源于巴颜喀拉山北麓的约古宗列曲，流程长度约为 5000 多千米，流域面积 70 多万平方千米，最后流入渤海。黄河流经黄土高原地段，造成水土流失严重，支流带入相当多的泥沙，因此使黄河成为了含沙量最多的河流。黄河的主要支流有：白河、黑河、湟河、汾河、沁河、渭河、清水河、洛河、大黑河等，其中渭河是黄河的最大支流。黄河主要以降水补给为主，且受季风影响较大。

◎黄河流域的气候特征

黄河流域非常辽阔，山脉众多，地貌差异较大。所以，流域内不同地区气候的差异十分显著，年、季变化大，主要表现为：太阳辐射较强，光照充足；季节差别大、温差有较大的悬殊；降水量分布不均，年际变化大；蒸发大，然而湿度明显偏小；主要灾害性天气频繁，比如冰雹、扬沙和沙尘暴等气候特征。

▶ 知识链接

黄河它不仅是一条大河，黄土地、皇帝、黄皮肤以及传说的中国龙，这一切黄色的象征，把这条流经中华心脏地区的混浊河流升华为圣河。

◎黄河名字的由来

黄河原本名叫黄金河。传说，古时候斗篷山下有个出水洞，隔三差五的就会冒出黄金来。如今，为什么改称为"黄河"呢？

很久以前，斗篷山下清塘布依山寨有个土老财，其女儿叫巧妹，出落得像一朵水灵灵的艳山红。一个媒婆来讲：有个富佬想娶巧妹做偏房，愿出三千两银子。土老财见钱眼开，答应了富佬。

巧妹哭闹几天没用，便冷静下来思考对策。富佬很快选定吉日，带着三千两银子赶往清塘，行至陆家寨河滩，这时，坐轿被挡住了，这里，一群年轻姑娘正在放装神弄鬼的"七姊妹"。"神"已附身的巧妹，用长长的白帕遮脸，在唱山歌算命。富佬很迷信，就请巧妹算。巧妹根据掌握的情况，唱出富佬的身世，随即扭动腰肢张开手心，放出事先准备的蝴蝶，说："飞走的是你服毒身亡的大老婆，你再有红烛之喜当夜就会被索命。"富佬听后，觉得保命要紧，富佬让轿夫掉头，打道回府。

土老财听说后指着巧妹的鼻子，咬牙切齿地说："有钱人家你不去，必要嫁穷人，嫁憨包？"巧妹赌气回答："我就是要嫁穷人，嫁憨包！"土老财心一横，指着巧妹鼻子吼："你要嫁憨包，村西就有个憨哥，你滚，滚到憨哥家去！"母亲见女儿被撵出家门，便偷出一个金元宝，随后找去。母女相见，抱头痛哭。

憨哥其实并不憨，他是个孤儿，以捕鱼为生，因常常送鱼给一些衣食无着的穷人，有钱人便说他憨，给他取个"憨哥"的名字。

※ 黄河

※ 黄河

母亲拉着女儿的手走进憨哥的茅草棚，向憨哥说明来意。憨哥一听，高兴得不得了，母亲掏出金元宝，又抓了一把碎银子放到女婿手上说："元宝够买一幢房子了，碎银子拿去零用。"憨哥欢天喜地跑到乡场打算买些酒肉，请帮忙买房的人来吃餐饭。

在场口拐角处，他看见跪在地上乞讨的瞎眼五奶，同情起这个流落街头的老人来，想到自己包里还有大钱，便把手上的碎银子全部给了老人。走进肉行，他要屠夫砍下一块大肥肉，即从衣袋里掏出布包，拿出金元宝。屠夫接过金元宝，看一眼便放到案板上，因没有零钱找，就摆着手说："我不要这个！"憨哥见屠夫那副模样，顿时心生疑惑，小心翼翼地问："这圆……圆轱辘球不够换一坨肉？""圆轱辘球？"屠夫发现衣裤破烂的憨哥不识货，一把将金元宝抓在手上，用计诈憨哥："你个穷鬼，捡颗黄石头来骗我。走，跟我上衙门！叫你吃二十大板再说！"憨哥顿时惊慌起来，立马转身往回跑。

回到家里，他把遇到的情况告诉巧妹。巧妹听罢急火攻心，哭了。憨哥怯怯地靠近前去，附在巧妹的耳朵说："别急别急，圆轱辘……不，元宝有的是！"原来，半年前，憨哥去出水洞摸鱼，发现一条通向洞内的小道，小道尽头被一条阴河阻隔，游过阴河攀上一个石洞，里面便是一堆一堆的"圆轱辘球"。憨哥说罢就去取宝。

※ 黄河

此后，小两口买了几块好田地，修了一幢大房子。土老财听说女婿发了财，转弯抹角打听秘密，要憨哥赶快领他进洞去取金元宝。憨哥拗不过，便带岳父进洞取宝。土老财看见金元宝就捡，大口袋装满了，脱下裤子将裤管捆好，把金元宝又装进去，架在自己的脖子上，拖着大口袋，跳下阴河，拖着的口袋重若千斤，坚持片刻手指便不听从使唤松不开了。金子沉入阴河，他的心就像被什么东西挖走一般。裤管也越来越沉重，硬拉着脖子往下扯，他不愿轻装逃生，很快，两只裤管就紧卡住脖子。"咕嘟咕嘟"他喝了不少水，挣扎了一会儿便力气耗尽，很快便沉入了河底。

土老财的尸体漂在一团水草旁边，脖子上的两只袋裤管依然鼓鼓的，但里面全是黄色的卵石。黄金河从此不再流淌黄金。因此，山里人从此改口称黄金河为黄河。

| 拓展思考 |

1. 黄河主要流经我国哪几个省？
2. 黄河是中国的第几长河？
3. 黄河水利枢纽最具有代表性的是哪几个？

印度的天界圣河——恒河

Yin Du De Tian Jie Sheng He——Heng He

恒 河是发源于印度的文明之根，印度的人民称它为"圣河"以及"印度的母亲"。

◎南亚第一大河

恒河是南亚的第一大河，其长度约为 2500 多千米，流域面积约为 90 多万平方千米。发源于喜马拉雅山脉南坡加姆尔的甘戈特里冰川，途中流经印度、孟加拉国，最终流入孟加拉湾。恒河为典型的山地河流，河水补给主要来源于冰雪的融水。

在印度境内的恒河有 2100 多千米，且是恒河的上、中游段，下游的 500 千米在孟加拉国境内。恒河在流入孟加拉国后，被分开形成了若干条支流，最后，这些支流又于瓜伦多卡德附近与南亚另一大河布拉马普特拉河交汇。两条巨大的河流汇合冲击出了世界上最大的三角洲——恒河三角洲。

恒河三角洲面积有 5 万多平方千米，此地区为广阔肥沃的冲积平原，盛产水稻、小麦、甘蔗等主要农作物。

◎恒河河流简介

恒河的源头较大的有两个，阿勒格嫩达河和帕吉勒提河。此两条河的上游水势急流汹涌，奔腾于喜马拉雅山间，地势骤降，由 3100 多米急速降至 300 米，水流湍急，最小流量为 200 立方米/秒，季风时期流量最大，是此时的 30 倍，这两条河在代沃布勒亚格附近汇合后形成了恒河。穿过西瓦利克山脉后，在赫尔德瓦尔附近进入平原，逐渐向东南弯曲，流至安拉阿巴德，地势再次降到 120 米，且与恒河最大的支流亚穆纳河汇合，水量加大，流域面积也因此加大，河身弯曲，地势平坦。安拉阿巴德以上为上游，安拉阿巴德至西孟加拉邦为中游，以下为下游。

恒河大多数流程为宽阔、缓慢的水流，它是世界上流过土壤最肥沃以及人口最密集地区的河流之一。恒河河口处的一年平均流量为 2.51 万立方米/秒，在印度境内的流域面积约为 95 万平方千米，年平均流量为 1.25 万立方米/秒。

在印度，大部分印度教信徒终生信仰着四件事：1. 敬仰湿婆神；2. 在恒河洗圣水澡并饮用恒河圣水；3. 结交圣人朋友；4. 居住在瓦拉纳西圣城。

印度人把恒河视为圣河，将其看作是女神的化身，虔诚地敬仰着恒河，据说其中的原因主要源于一个传说故事：古时候，恒河水流湍急、汹涌澎湃，使得周边地区经常泛滥成灾，良田被毁，生灵被淹死，全国上下处于一片混乱状况。国王为了洗刷先辈的罪孽，便请求天上的女神帮助制服恒河，为人类造福。湿婆神在喜马拉雅山麓下，将自己的头发散开，让汹涌的河水顺着头发流着，灌溉了两岸的田野，两岸的人们从此得以安居乐业。至此以后，印度教便将恒河奉为神明，敬奉湿婆神和洗圣水澡因此成为了印度教徒的两大宗教活动。

◎悠久的印度文明

恒河的历史悠久，并且有着深厚的民风习俗和文化色彩，即便是经过了千年文明的蹉跎，恒河两岸的人们仍然把这种古老的习俗延续了下来。许多自古流传的印度神话，更是让印度人民对恒河母亲加深了无限的信仰与憧憬。

在这条河的两岸，有着流传于世界古文明之一的印度文明。大河流域不仅哺育了闻名世界的古文明，它还是世界上经济、文化较为发达的主要地区之一。

※ 恒河日出

勤劳善良的印度人民在恒河三角洲上创造了世人惊叹不已的物质文明以及精神财富。恒河流经的区域面积非常大，占印度领土的1/4，它哺育着众多高度密集的居民。

◎美丽神奇的"圣水"传说

远古时代，恒河四野苍茂，万物繁荣，充满着无限生机，被称为"恒河的黄金时期"。

公元前六世纪末期，强悍无比的波斯王征服了恒河流域，为的是突显他威风凛凛、威震四方的影响力，也展现了他无限的权力欲望。他运用强大的武力使恒河断流数百载，致使河床的沙众怒群起。恒河两岸从此横尸遍野、草木不生，放眼天下，一片荒芜，但没人敢反抗有着神赋圣权的帝王。这种悲惨的状况持续了数个世纪之久，恒河每日哭丧着脸仰天企盼圣灵降恩，来恢复她以往的样子。

直到马其顿国王亲率神兵天将来到凡间，将波斯专横跋扈、不可一世的王室杀戮殆尽，恒河才从饱受蹂躏之中得以新生，恒河之水才又重新泽润八方，哺育苍野。但好景不长，不久，淫荡无比的马其顿国王为了在嫔妃美姬面前炫耀自己的无边神力可以使众野称臣，再次拿恒河开刀，将恒河分为众多沟渠，使曾为大河的恒河骤变成无数条水量困乏的小溪。

两次的劫难使恒河元气大伤，濒临干涸的危机。恒河流域也成了无生息的荒原，有如广垠的戈壁。恒河在这种暗无天日、毫无希望的岁月中挣扎了数百年，直到佛陀转世的无忧王从泥坯中诞生于世，悲惨的命运才得以改变。有位被尊为护法名王的阿育王动用了人类有史以来最大规模的律法力量及宗教力量，将马其顿势力驱逐出地中海，然后召集数众作法恢复恒河本来面目。恒河得以重生，从此恒河以更温柔更智慧的姿态抚慰着漫长沿途，以更宽广的胸襟容纳着连绵不绝的大地。不久，恒河的善性与良德感动了众方诸神，于是神灵们慷慨赐予恒河万世不朽的神力，得了神惠的恒河非但没有变得傲慢横逆，相反更加的谦卑温情，并誓与黄河、幼发拉底河、尼罗河共同哺育人类。

◎传说二

恒河之所以被印度教徒称为"母亲之河"，是因为印度教的教徒们将其视为"圣河"。"圣河"的河水被称为"圣水"，河水流经的城市也被称为"圣城"。这些情况充分说明了在印度教徒的心目中，恒河是多么的神圣。

"圣水节"对于印度教徒来说，是神圣且庄严的一个节日。"圣水节"原名是叫"孔勃一梅拉节"，每年在阿拉哈巴德举行一次。每到这个时候，恒河中就站满了从印度各地赶来的印度教徒，他们身披黄色袈裟，有时单独一人，有时三五成群，在恒河中边祷告边洗浴，他们虔诚地认为，使用圣洁的河水可以洗去身上的罪过。这一天来到阿拉哈巴德圣洞中沐浴的不仅仅是虔诚的印度教徒，更多的是慕名而来的游客。

在"圣水节"这天，受到特别尊敬的不仅仅是恒河，还有一种动物也被特别关注，那就是印度的牛。同"圣河"恒河一样，当地的牛也被印度教徒作为神圣的动物，被称为"圣牛"。因为，在印度语中，恒河的发源地加姆尔有着"牛嘴"的意思，既然圣洁的恒河水是从牛嘴中流出来的，那么它的源头自然也是神圣的了！

拓展思考

1. 目前恒河受污严重，其主要有哪些污染？
2. 对于河流污染需要采取什么措施？

古老的发祥地——印度河

Gu Lao De Fa Xiang Di——Yin Du He

印度河是巴基斯坦主要河流，也流经它发源于中国西藏高原的冈底斯山冈仁波齐峰北坡的狮泉河，途中流经克什米尔、巴基斯坦，最后流入阿拉伯海。印度河全长 2900 千米，流域面积 100 多万平方千米。1947 年印巴分治以前，印度河仅次于恒河，是该地区的文化与商业的中心地带。古老的印度河文明是世界上最早进入农业文明和定居社会的主要文明之一。

◎古老的印度河

印度河源于西藏高原，流经喜马拉雅山与喀喇昆仑山之间，西南方向穿越喜马拉雅山，右岸与喀布尔河交汇，左岸汇入区域的一些支流，最终注入阿拉伯海。

印度河在地貌上属于先成河，主要支流有萨特累季河、奇纳布河、杰卢姆河、喀布尔河等。印度河水的来源主要依靠融雪水和季风雨的补给，河流上游穿过峡谷，水深湍急。从卡拉巴格至海得拉巴德为下游段，河床比较小，河道较宽阔，河流的流速较缓慢，具有平原河流的主要特征。从海德拉巴以下为河口段，也就是印度河三角洲。上游大多数为冰川雪山，融雪带来的大量泥沙都积于河床，因此使三角洲面积每年都逐渐扩大，河口每年约向外延伸 11.8 米。在河流中、下游会出现许多分流，有些分流会因旱季而干涸，有的分流在雨季时会宽达 20 余千米。河流泥沙含量较多，中、下游河床有的地方高出地面，有的低于地面，河道也因此呈现不固定的状态。

印度河还是巴基斯坦重要的农业灌溉的来源，大部

※ 印度河平原风光

分河流流经半干旱地区的时候，河水就成为了两岸农田的重要水源。早在19世纪中叶就建立了灌溉工程。目前，巴基斯坦在河流的干、支流上建有拦河坝2座，水渠8条和大量机井，还利用河水及地下水发展农业。

◎印度河的气候与水文

属于亚热带气候的印度河流域，也具有很明显的季风气候特征。由于受到了东北部高山一带的影响，致使该段气候通常属于干燥与半干燥、热带与亚热带之间。印度河畔沿岸地区的季节一年分为四季：12月～次年的3月为东北季风季，湿度较小，温度也比较低，降雨量也小；7～9月为西南季风季节，降水量较大，雷暴雨多，湿度也相当大，是全年的降雨季节；4～6月是热季，空气干燥、温度高；10～11月为西南季风转为东北季风的过渡季节，这时降雨会减少，昼夜温差大，但总的来说比较凉爽。印度河流域内平均最高的气温在46℃左右，最低的气温在零下15℃左右。

印度河水的绝大部分的水是由喀喇昆仑山、兴都库什山脉和喜马拉雅山脉融雪和冰川的融水所提供的，平均年降水量约300毫米，季风雨季节也会在7～9月提供一定的水量。在印度河主流中，从12月中旬至第二年2月中旬水位为最低时段，其他的季节里河水会上涨，最初是缓慢的，在3月底达到迅速，最高水位通常出现在7月中旬至8月中旬。此后河水又是一个急剧下降的状态，直至10月初，水位开始较为平缓地减退，恢复平静。

> **知识链接**
>
> 1976年在印度河下游，苏库尔站洪峰流量33988立方米/秒，相当于50年一遇的大洪水。1976年洪水淹没了809万平方千米的土地，冲毁的房屋有1000万间以上，死亡425人。

◎印度河畔的文明

印度河流域文明的出现晚于尼罗河流域文明和两河流域文明，但早于商朝。所谓印度河文明，是指包括哈拉帕和摩亨约·达罗两个大城市以及100多个较小的城镇和村庄在内的文明。

印度河文明是由邻近地方或者远古时的村庄演变而来，其地区采用的是美索不达米亚的灌溉农耕方式，一是有足够的技术在广阔肥沃的印度河流域收获作物；二是可控制每年一度既会使土地肥沃又会带来灾难的水

患。研究发现，虽然零星的商业曾在此出现过，但是当地的人们仍以农业为生，除了栽种小麦和大麦外，还能找到些饲料豆、芥末、芝麻以及一些枣核和些许最早栽植棉花的迹象。

冲积平原没有矿产，所以矿物是从外地运来的。黄金由南印度或阿富汗传来，银和铜从西北进入该地区，青金石来自阿富汗，绿松石来自伊朗，另外还有白云母来自印度南部。在被发现的古代城市遗址中，发现了大量石器、青铜器和农作物遗迹，同时随之出土的还有大量印章，但印章上的文字没人能够解读，甚至还未确定印章上究竟是文字还是图像符号。

◎印度河畔的三角洲

印度河接纳了旁遮普诸河的水后变得更为宽阔，在汛期7～9月时间段可宽达数千米。河流这一段的缓慢速度直接导致了积累起来的泥沙沉积在河床，泥沙因此高出这一沙原的平面，信德的多数平原地区是由印度河遗弃的冲积物而形成。

虽然目前此河段已经修筑堤坝作为防洪，但偶尔也会因为河水冲击而崩溃，大片地区被洪水摧毁。在洪水严重泛滥期间，河流则必须改变流向。印度河在特达附近开始进入三角洲，被分散为若干支流，并在喀拉蚩南——东南部的不同地方流入海中。三角洲面积为7,770平方千米或者更多，沿海岸延伸约209千米。目前现存的和废弃的水道导致了三角洲地面坎坷不平，有的还被河水淹没。

拓展思考
1. 世界上出现最早的有哪些文明？
2. 印度河属于哪个国家？是外流河还是内流河？

中国的天河——雅鲁藏布江

Zhong Guo De Tian He——Ya Lu Zang Bu Jiang

天上有一条银河，地上有一条天河，被称为"天河"的雅鲁藏布江全长 2900 多千米，奔流于青藏高原的南部，流域面积达 90 多万平方千米。雅鲁藏布江是一条国际性河流，在中国境内的长度是 2000 多千米，在我国名流大川中排名为第五；在我国的流域面积 20 多万平方千米，在全国排名为第六；而其流量仅次于长江、珠江，因此在我国排名为第三。

◎最高的大河——雅鲁藏布江

雅鲁藏布江是我国最高的大河，它位于西藏自治区，也是世界上海拔最高的大河之一。雅鲁藏布江就像一条银白色的巨龙，从海拔五千多米以上的喜马拉雅山脉中段北坡冰雪山岭飞奔而来，为它的发源地。由西向东奔流于号称"世界屋脊"的青藏高原南部，然后在巴昔卡附近流出国境，改称为布拉马普特拉河，又流经印度、孟加拉国，最终注入孟加拉湾。

雅鲁藏布江支流虽多但都很短小，干流河谷沿东西方向的断裂带发育，流域呈东西方向流入狭长带，途中较大支流分别为拉萨河、帕隆藏布、拉喀藏布、尼泽曲、年楚河等。干流在拉孜以上为上游河段，河长两百多千米，集水面积约为 2000 多平方千米，河谷宽约在 1～10 千米。雅鲁藏布江自萨噶以上的称为马泉河，马泉河穿行于高大山谷间，谷地开阔，连绵数里的雪山、湖泊以及一望无际的碧绿草地构成了马泉河地区真实美丽的写照。这里人烟稀少，基本上为牧区，在这里生存着许多种类的动物。

从拉孜到则拉为河流的中游，这里汇集了较多支流，使流量增大，河谷展宽，气候也因此变得温和，由于水利条件较好，该地区的人口也相当稠密，是西藏最主要以及最富足的农业区，因此也是主要粮食作物的基地与高产稳产农业的发展场所。河流下游穿行在高山峡谷中，河流流向急转而下，变化多端，从而形成了世界上罕见的类似于马蹄状的大河湾，其中著名的底杭峡是世界最大峡谷之一。这段河流不但蕴藏着充裕的水力资源，并且大拐弯峡谷地貌的形成，也为丰富的水力资源开发利用提供了很难得的条件。据计算，这里的水力资源约占整个雅鲁藏布江水力资源的三分之二以上，其水能的单位面积蕴藏量在世界相同的大河中是少见的。

　　雅鲁藏布江，在古代藏文中称央恰布藏布，意思是从最高顶峰上流下来的水。拉孜地区叫"羊确藏布"，拉孜以西，雅鲁藏布江统称达卓喀布，藏语意为从好马的嘴里流出来的水，曲水一带地方，藏语叫"雅鲁"，该江流至山南一带叫雅隆（因山南地区有条雅隆曲得名）。因此，这条河流被称为雅隆藏布。但在曲水地区念作雅鲁，因为"鲁"藏语确切语音称"隆"，意思是从曲水以上流经河谷平原的河流，所以全段河流总称雅鲁藏布江。

◎雅鲁藏布江河流简介

　　雅鲁藏布江一泻千里，但它的中上游河谷却一直保持着东西方向，只是到了下游才有了些变化，形成一个大拐弯峡谷，并且它的一些主要大支流还一反常态，以反向注入干流。通过观察发现，雅鲁藏布江的形成主要是由于适应了断裂构造的结果。

　　雅鲁藏布江主流中上游是以东西向深大断裂构造发育的，其下游适应着构造转折而变化。雅鲁藏布江是以严格适应断裂构造而发育的一条构造河谷，然而这种严格适应构造发育的情况是世界河流中非常罕见的。

※ 雅鲁藏布江

　　雅鲁藏布江是中国含沙量最低的大河之一，流水对陆地的侵蚀平均每年只有 93 吨/平方千米。含沙量虽小，但是由于径流量丰富，所以输沙量相当的大。雅鲁藏布江支流众多，其中集水面积大于 2000 平方千米的有 14 条；大于 10000 平方千米的有 5 条，有多雄藏布、年楚河、拉萨河、尼洋河、帕隆藏布，其中的拉萨河河流最长、集水面积也最大；而帕隆藏布的年径流量最大，它的水能蕴藏量仅次于长江。

◎关于雅鲁藏布江的传说

　　西部阿里的神山冈仁波钦雪山有四个子女，分别是雅鲁藏布江（马泉河）、狮泉河、象泉河和孔雀河。四兄妹相约分头出发在印度洋相会，雅鲁藏布江在绕过历经艰险后来到了工布地区，受一只小鹞子的欺骗，因为三个兄妹早已比他先到了印度洋，于是匆忙中从南迦巴瓦峰脚下掉头南

奔，一路的高山陡崖都不能挡住他的脚步，为了早日与兄妹们相会，哪里地势陡峭险峻他就从那里跳下，最终形成了这条深嵌在千山万谷中的雅鲁藏布大峡谷。

◎雅鲁藏布江的历史渊源

浩瀚的雅鲁藏布江从雪山冰峰中跳出来，流奔向藏南谷地，形成了沿岸奇绝秀丽的景致。在历史的长河中，雅鲁藏布江所孕育出的源远流长、绚丽灿烂的藏族文明更是中华民族的瑰宝，成为多民族国家文化瑰宝中的重要组成部分。

雅鲁藏布江孕育出的远古文化历史悠久，其流域的新石器时代文化以林芝、墨脱地区为代表。在林芝县和墨脱县曾采集到石器、陶片、斧、锛、凿等类遗物。

新石器时代晚期，西藏各地形成有许多的部落。公元前 3 世纪左右，聂赤赞普作为雅砻部落的首领第一次以赞普的身份出现在西藏历史上，建立了部落奴隶制的吐蕃王国。

※ 雅鲁藏布江的早晨

雅鲁藏布江不仅是西藏文明诞生和发展的摇篮，同时还是汉藏文化交流的见证人。在汉、藏交流史上，最有影响最值得纪念的是文成公主和蕃、金城公主西嫁与唐蕃的会盟碑。这些碑文的建立充分说明了汉、藏人民以及文化各具特色又相互影响融合的血肉关系。

雅鲁藏布江流域的寺庙较多，不管是在峡谷溪涧的旁边，还是在深山野岭之中，都能听到悠悠的古刹钟声。美丽富饶的江河流域，自古以来就辛勤地哺育着两岸肥沃的土地，也孕育着世世代代的藏族人民。作为一条"天河"，它给西藏人民带来的不仅仅是过去，更多的是光辉灿烂的明天。

| 拓展思考 |

1. 雅鲁藏布江是内流河还是外流河？
2. 为什么称雅鲁藏布江为"天河"？它的主要特点是什么？

幼发拉底河

You Fa La Di He

幼发拉底河流域与底格里斯河流域是同为孕育古巴比伦文明的两条大河，两条河共同的界定是美索不达米亚。幼发拉底河是中东名河，发源于安纳托利亚的山区，流经叙利亚和伊拉克，最后与底格里斯河合流为阿拉伯河，最终流入波斯湾。幼发拉底河全长约 2800 多千米，为西南亚最大河流。

◎西南亚最大河流

幼发拉底河源头为卡拉苏河，西流至班克以北汇合木拉特河后，最后称为幼发拉底河。汇合之后，河流曲折南流，在比雷吉克以南流入叙利亚境内，在梅斯克内附近转为东南流向，沿途接纳拜利赫河、哈布尔河等支流后，流入伊拉克境内，在希特附近流入平原，此后就没有支流了。

河流流到欣迪耶附近分为两支，东支称希拉河，西支称欣迪耶河。在两河的分流处建有欣迪耶大坝，主要作用是控制两河水量，形成了伊拉克重要灌溉农业区。两条分支的河流之后在塞马沃地区汇合，继续向东南方向流去，又于古尔奈附近与底格里斯河汇合，改称阿拉伯河，在法、奥附近注入波斯湾。

幼发拉底河流从河源到塞马沃，全长 2800 多千米，流域面积达约为 60 多平方千米。幼发拉底河的水源主要靠高山融雪和山区降雨补给，水量较为丰富，但由于途中蒸发、渗漏以及大量的灌溉，到中下游河段时流量会大大减小。从希特到库尔纳，河流在平原上流程约为 700 余千米。从希特以下可以通汽船，航程近 900 千米。

▶知识链接

在《圣经》中幼发拉底河称为伯拉河。《圣经》最早提到幼发拉底河是在创世纪的第二章，记载写着它是继比逊河、基训河以及底格里斯河之后的，第四条从伊甸园流出来的河流。幼发拉底河也是上帝允诺赐予亚伯拉罕及其后人土地的边界之一。

※ 幼发拉底河风光

◎幼发拉底河的三段地形

幼发拉底河按地形可分为三段。

幼发拉底河上游段的两条河源出自亚美尼亚高原，在埃拉泽镇西北约50千米处汇合。在亚美尼亚高原上汇合而成的幼发拉底河继续以非常大的曲折迂回在土耳其南部的托罗斯山脉高大的群山之间，流至叙利亚高原上的土耳其萨姆萨特村处，水面降落了将近300米。

幼发拉底河的中游段，从叙利亚高原上的土耳其萨姆萨特到伊拉克低地的希特，长度约为1500千米。该河谷为典型陡坡型，进入高原表面深度达数百尺，漫滩宽度为3～6千米不等。幼发拉底河下游段，从叙利亚高原上的山谷中流出出现在希特，在伊拉克平原上拓宽，流量减少，流速放慢。

由于幼发拉底河的年径流和季节径流都不遵循规律，因此这使控制洪水和建立适用的灌溉设施成为了难题，尤其是伊拉克境内的情况。在几个世纪中，特别是在近代，先后修建了许多堤防、河堤、水库、河坝、堰、渠及其他排水措施和设备。

◎幼发拉底河的文明历史

幼发拉底河是古老文明的发源地，它是从苏美到阿拔斯时期美索不达米亚南部古老文明的发祥地。在公元前 1000 年初期，该河流域分别被南部的巴比伦人、中部的阿拉米人以及北部的赫梯人所占取，阿拉米地区后来也成为亚述帝国的一部分。幼发拉底河流经叙利亚的一段，后来成为了罗马与安息之间的边境。幼发拉底河是人类最早的发源地，两河文明的发源地，巴比伦是其中之一。

被幼发拉底河和底格里斯河哺育的美索不达米亚平原曾是古巴比伦的所在地，在这片土地上诞生了世界最早的文明——美索不达米亚文明。公元前四千年，此地区出现了象形文字。在两河文明的促进下，逐渐形成的尼罗河文明和印度河文明也开始发展起来了。

希腊人在此地区发明了数学、物理学和哲学；犹太人在这里发明了神学，并将它传播于世界；阿拉伯人则发明了建筑学，并以此来教化了中世纪时野蛮的欧洲。公元前 1792 年，《汉谟拉比法典》的颁布，促使它成为了我们世界文明史上必修之课，并戴上了世人瞩目的头盔。

巴比伦王国曾经遭受了多次的战乱，战乱中的两河文明作为一个独立的整体，自此拉上帷幕。巴比伦古城的遗址就在幼发拉底河的右岸伊拉克首都巴格达以南 90 千米的地方，它的存在还在向世人展示着大河文明的灿烂与辉煌，在诉说着公元前 2000 年～公元前 1000 年，此地区曾是西亚最发达的地方——古巴比伦的首都。

| 拓展思考 |

1. 幼发拉底河属于哪个国家？
2. 该河流域主要的文明代表有哪些？

底格里斯河

Di Ge Li Si He

水 是生命之源，人类的远古文明更是与河流息息相关。世界古代历史上最早进入文明社会的四大古国之一古巴比伦古国的文明就是由两条大河共同孕育出来的。两河流域是指幼发拉底河和底格里斯河，这两条大河统称两河流域，是古代文明发祥地之一。现在，幼发拉底河和底格里斯河已汇流在一处，但它们最初有各自的流向，最后在不同的地点进入波斯湾。

◎西亚最大的河流

底格里斯河是西亚水量最大的河流，也是中东名河，位于幼发拉底河的东面。它源于土耳其安纳托利亚高原东南部的东托罗斯山南脚下，向东南方向流去，途中经过土耳其东南部城市迪亚巴克尔之后，与叙利亚形成约32千米界河，随后直接流入伊拉克，之后基本沿扎格罗斯山脉西南侧山麓流动，沿左岸接纳了来自山地的众多支流，最后直达首都巴格达。

河流到了巴格达以后，两岸湖泊成群，沼泽密布，一派胜景。幼发拉底河与古尔奈汇合，改称阿拉伯河，最后流入了波斯湾。

底格里斯河自河源头至古尔奈，共长1900多千米，流域面积30多万平方千米，年径流量近400亿立方米。河流河水主要来源靠高山融雪和上游春雨补给。沿山麓流动，沿途的支流流程短、汇合速度快，时常会使河水暴涨，洪水泛滥，形成沿岸广阔肥沃的冲积平原，成为了伊拉克重要的农业灌溉来源。河流沿岸建有各种水利工程，其中主要以巴迪塔塔水库最为著名。

▶知识链接

底格里斯河中游是古代城市文明的所在地，在公元前两千年前修建了最早的灌溉体系。阿契美尼德帝国灭亡后，这个富有的地区成为了美索不达米亚的政治与商业中心。塞琉西亚与泰西封分别是塞琉古王国的安息和萨珊王朝的城市，而巴格达与萨迈拉则是阿拔斯的王朝首都，它们都位于底格里斯河畔。

※ 底格里斯河景观

◎底格里斯河河流概况

早在五千年前，底格里斯河与幼发拉底河是两条分开的河，直到约三、四千年前，来自两河流域的泥沙持续在河口的波斯湾累积，并逐渐填出土地来，使两河下游在伊拉克南部汇合在一起。

底格里斯河与幼发拉底河两河均发源于亚美尼亚高原。其中，幼发拉底河经土耳其、叙利亚进入伊拉克后，全长约 2700 多千米；而底格里斯河直接经土耳其进入伊拉克，全长 1900 多千米。两河在各自流经后，最后在古尔奈汇合称为阿拉伯河，长近 200 千米，河口宽约 800 米。

河流上半段处于伊拉克的境内，下半段为伊拉克和伊朗的分界河。两河中下游河水均为美索不达米亚平原的丰富灌溉水源，其中，底格里斯河具有昂贵的航运价值，船只可以通航到阿拉伯河畔巴土拉的港口。

◎底格里斯河畔的文明

在底格里斯河畔最为著名的一座城市是伊拉克的首都巴格达，巴格达是一座建筑特色超群且独立的绝美城市，在大河的孕育下显得格外的宏伟壮观。波光粼粼的底格里斯河就像一条耀眼的银链，从北向南从容的穿过整个市区。一些建筑与上百座清真寺的金色塔尖相互交映，更加具备了现

代化古都的独特风采。

在沿着底格里斯河顺流而下的过程中，屹立着的还有几座唯美宏观的大桥，其中一座名为共和国的桥，是一座双向公路桥，桥的西岸位置有萨达姆时代的总理府、计划部等，东端的解放广场上耸立着的是伊拉克民族独立解放的象征——自由纪念碑。

底格里斯河流经过的第十一座桥是杰得里耶大桥，它从一个河心岛上飞越而过，高大的桥墩两边是枝叶茂盛的椰枣林，桥南端是葱郁的巴格达大学主校园。这一带的环境优美、空气清新，是游赏休闲的好地方，夜晚的街区更是其乐融融、载歌载舞的娱乐场所。底格里斯河孕育着沿岸的文明，也带来了城市的发达。

| 拓展思考 |

1. 底格里斯河属于内流河还是外流河？
2. 底格里斯河的最大支流是哪条？
3. 底格里斯河都有哪些特色？

地球上的江河海洋

亚洲第一大河——长江

Ya Zhou Di Yi Da He——Chang Jiang

长江是亚洲第一大河，长度约为 6300 多千米，流域面积约 100 多万平方千米。长江发源于青藏高原，由西向东的流向，一共流经八个省、两个直辖市和一个自治区，分别是青海、四川、西藏、云南、重庆、湖北、湖南、江西、安徽、江苏和上海。

长江流域的水能资源利用开发的条件颇有优势，也是我国经济发展的非常重要的途径之一。地形的落差较大，占据优势，形成了不同的河流特点，水能的蕴藏量和开发都占有极其重要的地位。长江流量主要由降雨形成，年降水量约为 1067 毫米，水量相当丰富且稳定。丰富的水能资源占全国总水能资源的 40％以上，并且还蕴藏着一定量的煤、天然气和三石油，是我国的一大财富，地位极其重要。

▶ **知识链接**

长江流域面积约占中国陆地总面积的五分之一，长江是中国水量最丰富的河流，水资源总量 9616 亿立方米，约占全国河流径流总量的 36％，是黄河的 20 倍。

鄱阳湖为中国第一大淡水湖，是长江的主要调蓄湖泊，在汛期的时候可调蓄洪水，枯水季节水流注入长江。洞庭湖湖水由东面注入长江，也是长江主要调蓄湖泊。

古代时，汉代称之为大江。六朝后称之为长江，其意义为长江水之长远。在青海藏族民间流传着这样一个传说：长江是由一条神牛犊鼻孔流出的水而集成的。这条神牛犊降自于天，卧之于地，其鼻孔里的潴水很多，水流不尽。难怪现在的藏民还称长江为"治曲"，"治"

※ 长江三峡风景区

为牛犊，"曲"为河流，大概与这一传说有关。

※ 长江三峡景区

　　长江三峡为长江流域的著名景观，其中瞿塘峡、巫峡和西陵峡三段峡谷的总称为长江三峡。瞿塘峡是三峡中最短最雄伟险峻的峡谷，船驶峡中有"峰与天关接，舟从地窟行"的感憾！巫峡是三峡中最可观的一段，两岸风景优美，其中最为有名的是巫山十二峰，千姿百态，给人一种神秘的感觉。西陵峡是三峡中最长的一个，主要以滩多水急闻名。三峡大坝水电站位于西陵峡中部宽敞处，其场面格外壮观。三峡风景区已被列为世界著名的旅游胜地。

◎关于长江的故事

　　远古时代，瑶池宫里住着西天王母的第二十三个女儿，名瑶姬。她在紫清阙里，向三元仙君学得了变化无穷的仙术，被封为云华夫人，专司教导仙童玉女之职。

　　瑶姬生性好动，哪里耐得住仙宫里那般无聊生活。一日，她终于带着待从，悄悄地离开了仙宫，遨游东海。但是，当她看见大海的暴风狂涛，给人间造成严重的灾难时，便出东海腾云西去。一路上，仙女们飞越千峰万岭，阅尽人间奇景，好不欢快。岂料来到云雨茫茫的巫山上空，却见十

二条蛟龙正在兴风作浪，危害人民。瑶姬大怒，她决心为人间除掉危害百姓的蛟龙。于是，按住云头，用手轻轻一指，便闻惊雷滚滚，地动山摇。待到风平浪静，十二条蛟龙的尸体已化作十二座大山，堵住了巫峡，阻塞了长江，使得滔滔江水，漫向田园、城廓，古时候的四川一带变成了一片汪洋大海。

※ 长江大桥

　　为治理水患，治水英雄禹立即从黄河来到长江。然而，山势这般高，水势这般急，采用开山疏水之法，谈何容易？正当夏禹焦急万分的时候，瑶姬为夏禹百折不挠的精神所感动，于是叫来黄摩、童津等六位侍臣，施展仙术，助禹疏导了三峡水道，让洪水畅通东海。

　　夏禹得知神女暗中相助，便登上巫山，寻找瑶姬致谢。上山来只见眼前一块亭亭玉立的青石；不一会，青石化为一缕青烟，袅袅升起；继而又形成团团青云，霏霏细雨，游龙、彩凤、白鹤飞翔于山峦峡谷之间……夏禹正在纳闷，美丽动人的瑶姬突然出现在他的面前。瑶姬说："你治水有功，但还要懂得天地间事物变化的道理。"边说边取出一部治水用的黄绫宝卷送给夏禹。水患虽已治理，但瑶姬并未离去，她仍然屹立在巫山之巅，为行船指点航路，为百姓驱除虎豹，为人间耕云播雨，为治病育种灵芝。年复一年，她忘记了西天，也忘记了自己，最终变成了那座令人向往的神女峰，她的随从也跟着化作一座座山峰，像一块块屏障，一名名卫士，静静地守在神女的身边。

※ 亚洲第一长河——长江

神女峰的传说，在巫山地区流传甚广，其说法不一，古代巫山百姓为了纪念他们心目中"神女"尊称她为"妙用真人"，在飞凤峰山麓，为她修建了一座凝真观（也就是神女庙）。山腰上的一块平台，便是神女向夏禹授书的授书台。

| 拓展思考 |

长江在世界长河中位于第几？

神秘的死海

Shen Mi De Si Hai

死海位于巴勒斯坦、以色列和约旦三国之间，是有名的内陆盐湖。死海是世界上最低的湖泊，湖长约为 60 多千米，面积约为 800 多平方千米。死海为地球上盐分布第二位的水体。

死海位于沙漠地带，降雨量非常少并且没有规律，冬季属于温暖气候，

※ 死海——盐的蕴藏地

夏季非常的炎热。死海西岸为犹太山地，东岸为外约旦高原。进水主要靠约旦河，进水量与蒸发量差不多相等。夏季的蒸发量大，冬季又有水注入，因而湖面水位有季节性的变化。因死海地区气温太高，即使约旦河流入死海大量的水，几乎也都被蒸发掉，而留下了许多的盐。死海是个很大的盐储藏地，盐主要蕴藏在西南岸。

▶ 知识链接

死海为内流湖，水的唯一外流因素就是蒸发的作用，只有约旦河注入死海，因此约旦河河水流入的水量与蒸发的水量决定了死海的水位高低。但近年来因约旦和以色列从约旦河取水供应灌溉及生活用途，死海水位也正受到严重威胁，面对干涸的危险。

◎关于死海的传说

远古的时候，这里原来是一片大陆。村里男子们有一种恶习，有个叫鲁特的人劝他们改邪归正，但他们拒绝悔改。上帝决定惩罚他们，便暗中告诉鲁特，叫他携带家人在某天离开村庄，并且告诫他离开村庄以后，不管身后发生多么重大的事故，都不准回过头去看。鲁特按照规定的时间离开了村庄，走了没多远，他的妻子因为好奇，偷偷地回过头去望了一眼。瞬间，好端端的村庄塌陷了，呈现在她眼前的是一片汪洋大海，这就是死海。她因为违背了上帝的告诫，立即变成了石人。虽然经过多少世纪的风雨，她仍然立在死海附近的山坡上，扭着头日日夜夜望着死海。上帝惩罚那些执迷不悟的人们，让他们既没有水喝，也没有水种庄稼。这当然是神话，是因为人们无法认识死海形成过程的一种猜测。其实，它的形成是自然界变化的结果。

"死海"其实是一个湖，是由阿德西高山流下来的泉水和约旦河水汇聚后形成的一个大湖，大量物质随着河水和泉水，流到湖中沉积下来，日积月累，越来越多。使湖水含盐量高达30%左右。由于水中缺氧，湖中没有生存各种鱼类和各种水生动物，岸周围也是草木不生，于是人们便把它叫做"死海"。

※ 死海

死海虽让大部分动植物在此地不能生存，但是也有它的优势，任何人掉入死海中，都会被海水的浮力托出水面。海水不但含盐量较高，而且矿物质含量非常的丰富，时常用海水浸泡，可以治疗关节炎等一些慢性疾病。另外，海底的黑泥也含有丰富的矿物质，对于护肤美容有一定的疗效。湖中大量的矿物质具有一定安抚、镇痛的效果。死海也是世界上水能资源丰富的地区之一，其中含有氯化钠、氯酸钾、氯化镁等资源，同时还蕴藏着石油。如今，由于严重的环境污染，水位出现了速度惊人的下降。

| 拓展思考 |

1. 死海是不是海？
2. 死海里有没有生物存活？

地球上的江河海洋

非

洲的河流湖泊

FEIZHOUDEHELIUHUPO

第二章

　　非洲位于东半球的西南部，地跨赤道的南北。东濒印度洋，西临大西洋，与亚洲隔红海和苏伊士运河相望。非洲大陆北宽南窄，地形呈不等边三角形状。非洲是很干燥的大陆，因此对于非洲来说，陆地水是一项很珍贵的资源。主要河流有尼罗河、刚果河、赞比西河，湖泊有维多利亚湖、坦噶尼喀湖、马拉维湖等；分布在非洲的海洋有阿拉伯海和地中海等。

世界最长的河——尼罗河

Shi Jie Zui Chang De He——Ni Luo HE

尼罗河是一条流经非洲东部和北部的大河流，是一条国际性的长河。尼罗河源于布隆迪高地，主要流经布隆迪、卢旺达、坦桑尼亚、苏丹和埃及等国，还跨越了世界上面积最大的撒哈拉沙漠，最终注入地中海。流域面积约为 335 万平方千米，总长度约为 6600 多千米，是世界上最长的河流。

※ 尼罗河

> **知识链接**
>
> 尼罗河流域是世界文明发祥地之一，这一地区的人们创造了灿烂的文化，对科学发展的历史长河做出了杰出的贡献。下游谷地河三角洲是人类文明的最早发源地之一。古埃及诞生于此。

尼罗河流域跨纬度 35°，南部与北部的气候相差非常大，呈现出明显的纬度地带性气候。由于东南部地区地形隆起，气候具有干湿季非常分明的特点。夏季从印度洋吹来的东南风越过赤道转为西南风，与来自几内亚湾的湿热气流合并成强大的西南气流，最终会形成 7 月份～9 月份的"大雨季"。年平均降水量约 1000 毫米至 2000 毫米，北部是尼罗河流域降雨量最重要的区域。尼罗河流域南部，太阳辐射强烈，对流较旺盛，因而降水量也相当充足。

◎尼罗河名字的由来

关于尼罗河的名字有两种不同的说法：一种是来源于拉丁语"尼罗"意思是"不可能"。尼罗河中下游地区很早以前就曾有人居住，但是由于

※ 尼罗河风光

瀑布的阻隔，使得中下游地区的人们认为要了解河源是不可能的，因此称之为尼罗河。二是认为"尼罗河"一词是由古埃及法老（国王）尼罗斯（nilus）的名字逐渐演化来的。

拓展思考

1. 尼罗河最大的支流是哪条？
2. 世界上最长的三条河流是哪些？

地球上的江河海洋

刚果河

Gang Guo He

刚果河是非洲西部最大的河流，也是非洲第二大河，总长度约为 4700 千米，面积大约 3700 万平方千米。刚果河发源于赞比亚境内东非大裂谷高地山区的谦比西河，中间流经撒哈拉沙漠，最后注入地中海。刚果河流经热带草原气候区和热带沙漠气候区，终年高温多雨，降水丰富，流量大，水位变化较小。

※ 刚果河

刚果河中有多种多样的爬虫类，以鳄鱼为最具显著的种类。另外，河里还有半水生的乌龟以及几种水蛇。刚果河及其支流中生活的水生哺乳动物有河马、水獭和海牛。雨林从中还生存着当地特有的非洲森林象。

刚果河为非洲水能资源量最丰富的河流，整个流域有多处瀑布和许多的险滩、急流，水能蕴藏量约 3.9 亿千瓦，主要水利工程为英加大型水电枢纽，是世界最大的水电工程之一。刚果河下游建有阿斯旺大坝，也是世界上最著名的水利工程。

▐ 知识链接

刚果河的河口没有一般河流入海口的三角洲区域，只有较深的溺谷，河口之外范围内形成了范围很宽的河面，是非洲大河中唯一利于航运发展的深水河口。

美国记者、英国人亨利·斯坦利是第一个沿河走完全程的西方人，他在比利时国王利奥波德二世的资助下，于 1879 年到 1884 年对刚果河全流域进行考察，斯坦利以"国际非洲协会"之名义，与许多当地酋长签署了保护协议，最终使得大部分刚果河流域成为利奥波德的私人财富。

◎刚果河名字由来

早在公元前后，班图人就在刚果河下游聚集居住，逐渐发展成为非洲中南部的主要势力，征服并且排挤科伊桑人和俾格米人。十三世纪末期十

※ 刚果河风光

四世纪初期之时，下游地区后来出现了刚果王国，河口地区的趋势得到了控制，刚果河也因此而得名。

|拓展思考|

1. 世界河流中流域面积最大的是哪条河？
2. 刚果河注入哪个洋？

尼日尔河

Ni Ri Er He

尼日尔河发源于几内亚中南部的富塔贾隆高原，长度约为 4100 多千米，流域面积约 200 多万平方千米，为非洲第三长河，仅次于尼罗河和刚果河，是非洲西部最大的河流。尼日尔河为非洲西部重要的通航河流，通航河段占河长的三分之二。尼日尔河的水力资源非常丰富，目前已建成了不少的水利枢纽工程。

尼日尔河流域主要呈现的是热带草原气候区，全年分干湿两季。尼日尔河及其支流鱼类分布众多，主要食用鱼有鲇、鲤和尖吻鲈等。另外，在草原地带辽阔的地面上有鹈鹕、红鹳和有冠的鸟类等。

尼日尔河三角洲和附近的大陆架上蕴藏着丰富的石油。因此，尼日利亚成为非洲产油最多的国家，同时是世界主要出口石油的国家。

※ 尼日尔河风光

尼日尔河主要通航段有：河口至奥尼查，长350千米，全年通海船；奥尼查至洛科贾，6月～翌年3月通海船；洛科贾至杰巴，只有10～11月中旬可通航；杰巴以上只通小船。流域内水力蕴藏量约3000万千瓦，已建的大工程为尼日利亚的卡因吉大坝。

※ 尼日尔河风光

◎尼日尔河名称的来历

"尼日尔"是法语"niger"的音译，但它并不是出自法语本身。远古时代，尼日尔河的名称有很多。河源地区的居民称它为迪奥利巴，意为"大量的血液"；上游一带的居民曼德人称它为"baba"（巴巴），意思是"河流之王"；中游的哲尔马人则称为"lssaberi"（伊萨·贝里），意思是"伟大的河流"；中游左岸乌里敏登地区的图阿勒格人则称"eguerewn'eguerew"（埃格留·奈格留），其意思为"流动的水"。在尼日尔河沿岸的古代的各部落中，图阿勒格人活动范围最广，与柏柏尔人在种族和语言上是近亲，地理分布上为近邻，柏尼日河、塞内加尔河及查德湖流域柏尔人有关尼日尔河的情况全部来自图阿勒格人。柏柏尔人把图阿勒格人对这条河流的称呼，只截取后一段"n'eguerew"，后来简化为niger，并且传到罗马人那里去，以后就一直流传到今天。这就是"尼日尔"河名字的由来。

※ 尼日尔河

◎关于尼日尔河的故事

在古时候，塞古以北的地区非常干旱。后来，有一条大蛇，从西南边爬过来，把头伸到塞古北方。它呼风唤雨，灌溉大地，哺育着人们。于是，人们在那里耕耘、播种，创造着财富。可是，有一天，大蛇得罪了国王，盛怒的国王把它的头砍伤后，它就向着东北方向逃去。从此，塞古以北的地区，又干旱了。这个神话故事无疑是人们臆想的结果，但是它却明显的反映出了尼日尔河河道变迁的实际状况。

拓展思考

1. 尼日尔河最后注入哪个洋？
2. 你还知道非洲的哪些长河？

地球上的江河海洋

赞比西河

Zan Bi Xi He

赞比西河又称利巴河，是非洲南部最大的河流，同时也是非洲流入印度洋所有河流中的第一大河，全长 3500 多千米，流域面积 130 多万平方千米。它发源于安哥拉东部与赞比亚西北部的山地，流经纳米比亚、津巴布韦、马拉维、莫桑比克等国，最终流进莫桑比克海峡。赞比西河虽不如尼罗河那样有名，但是它在世界上创下的辉煌也是不可磨灭的。

◎赞比西河简介

赞比西河的发源地安哥拉中东部和赞比亚西北部高地，也是刚果河和赞比西河的分水岭，因为刚果河的河源与赞比西河的河源距离不足 1 千米。

赞比西河为非洲第四长河，但对于长度和流域面积来说，它比尼罗河、刚果河和尼日尔河要小很多。但是，赞比西河却是以河网稠密、支流众多、艰险壮观、流域比较面积大、水量非常丰富而著名的河流，它的河口年平均流量为 1.6 万立方米/秒，在非洲仅次于刚果河而排名第二位。

赞比西河分上、中、下三个河流阶段。从河源至莫西奥图尼亚瀑布处为河流的上游段，由于此段河流流经高原地区，所以水流较为缓慢，河道较多弯曲，路途沿河广布沼泽。从莫西奥图尼亚到卡布拉巴萨为河流的中游段，它途中流经峡谷和洪泛平原相间地区，水流的缓急按照河流的宽窄而进行变化。

河流在卡布拉巴萨以下为下游段，主要流经平原地带，河道也逐渐变宽。在入海处形成了巨大的河口三角洲，河流分支众多。该段下游仅有一条大支流汇入，就是希雷河，它发源于马拉维湖，顺着东非大裂谷流经马拉维和莫桑比克，在卡亚附近汇入赞比西河，河流全长 400 千米。此地区主要以有众多的瀑布与较深的峡谷而著名，河上共分布有 70 多个瀑布和许多险滩、峡谷，其中最为出名的是维多利亚瀑布，分段通航，下游河段为最长的通航河段，整个流域是非洲经济比较发达的地区。

赞比亚河上游和下游沿岸的植物主要是草原型的，有落叶树、青草和广阔的林区。在它的沿岸还有一种与众不同的边缘植物，主要是岸边森林，包括乌木、小型灌木和蕨类植物。下游的典型植被为浓密的灌木丛与常绿树森林，中有棕榈树和红树灌丛。

赞比西河流域内的居民，洛齐人在赞比西上游大部分地区占有统治的地位；中游的主要群体有东加人、绍纳人、切瓦人和恩森加人，大部分从事农业。

◎美丽的赞比西河

这里的景致优美，在河心沙洲和岩岛上，峡谷和瀑布的两侧，有着巍峨的山峰，气势雄伟，林中树木葱茏，风光奇秀，它是世界上少见的既艰险又美丽的河流。尽管赞比西河分布着的沙洲、岩岛、峡谷、险滩和瀑布一个接一个，一次又一次地阻塞了河道，造成航运方面的困难，但是它蕴藏着丰富的水利资源。据探测所知，赞比西河流域内蕴藏的水力达 1.37 亿千瓦，占了整个非洲水能资源储藏量的 12％ 左右，是刚果河总量的 35％，容量居非洲第二位。目前在河上建有的卡里巴和卡博拉巴萨两处大坝。

当赞比西河的河水流到赞比亚、津巴布韦交界地区的不远处时，突然出现一个黑暗的千丈峡谷，宽阔的河面陡然的下跌，一泻千里。这便是举世闻名的维多利亚大瀑布，当地的人们都称之为莫西瓦托恩贾瀑布。

※ 赞比西河风光

赞比西河的中游是从瀑布一直到卡里巴，河水就像脱缰的野马，奔腾呼啸着，以巨大的力量冲过世界文明的天堑巴托卡峡谷。在长达 130 多千米的峡谷区里，由于河道的狭窄，河水变得湍急，沿河两岸峭壁耸立，很多地方高达 600 米左右，形成一道南北两岸的天险。

赞比西河下游全在莫桑比克境内，从卡博拉巴萨滩到河口，长约600多千米，河道大部分从平原上流过。该地段地势平坦，河面宽广，可以通行轮船，是赞比西河上最有航运价值的一段河道。

◎洪水泛滥

在每年三、四月份的洪水季节，夹在赞比西河和乔贝河之间的卡普里维地带的西端地区会经常被洪水淹没。但是洪水往往只会发生在两河之间的缺口地带，就好像被一个界限给阻隔了一样。在泛滥平原的边界左边是一片湿地，深蓝色的沟渠在绿色而润泽的平原上弯曲的蔓延而来。然而，在边界右边却是一片干燥的土地。泛滥平原的东部边缘被断层带包围着，东部地区的土地也因此升高。赞比西河和乔贝河跨过断层切断了沟渠，但是泛滥平原浅滩地区还是低于东部的高地。洪水泛滥时，正好有条水渠把断层带两端的河流连接了起来。

到了雨季，在安哥拉和赞比亚的湿地会降下大量雨水，此时的赞比西河就会泛滥成灾，河水冲向下游，遇到断层带折回，在断层带背后的泛滥平原上不断漫延而去，直到在南部遇到被乔贝河切断的水渠才会有所减少。

◎关于赞比西河的传说

相传很早很早以前，真主腾云驾雾地来到这里，小草和树木见后连忙低头弯腰表示欢迎，有一棵大树却直挺挺地站在那里，显得很傲慢，真主感到不满意，就用手指一点，大树马上连腰折断了。大树受到了真主的惩罚，心里感到很委屈，眼泪从树根下的洞穴里源源不断地流出来，在地面上流成了一条河，其他的小河非常同情它，便纷纷靠拢过来，于是形成今天的赞比西河。正如人们用神话和传说来赞美赞比西河的恩赐一样，赞比西河也确实为干旱的巴罗茨高原带来巨大的恩惠。每逢雨季来临，河水上涨，辽阔的高原可以获得宝贵的灌溉之水，千万头牲畜可以吃到非常新鲜的青草。

| 拓展思考 |

1. 赞比西河有哪些价值？
2. 赞比西河流有哪些特征？

林波波河

Lin Bo Bo He

林波波河为非洲东南部的一条大河，由于河中生存着大量的鳄鱼，因此又被叫做"鳄鱼河"。另外，"林波波"在当地其方言的意思就是"鳄"。林波波河全长1600千米，流域面积44万平方千米。林波波河发源于约翰内斯堡附近的高地，向北流到南非与博茨瓦纳的边界后又向东北流，然后流到南非与津巴布韦边界后向东流，从帕富里进入莫桑比克境内，再向东南，最终注入印度洋。

◎简介

林波波河是非洲东南部的一条大河，在途中汇集了许多条支流。沿岸主要支流有沙谢河、象河、尚加内河等。林波波河的上游河段由大量的溪流组成，而它的支流多为间歇性河流，河里的水量不大，水流相对比较平缓。上游河段牧草青青，辽阔的旷野栖息着各种各样的野生动物，历来是人们进行探险狩猎最为理想的地方。

河流中游流过南非高原的边缘山地，由于河道较窄水流湍急，偶尔会出现一系列的瀑布急流、浅滩。河两岸峡谷陡立，在谷壁的裂缝中生长着一些奇形怪状的树木，树林中鸟类众多，猿猴活跃，如泛舟急流，随之便飘然直下，眨眼便游了数千米之遥，似乎有"两岸猿声啼不住，轻舟已过万重山"的意境。

林波波河的下游由于尚加内河等支流的汇入，河道变得宽阔起来，水量也相当的大，水色呈蔚蓝，河岸畔有着漫长而平缓的沙滩。河岸边沙细水暖，河面风平浪静，在这里进行日光浴、沙浴和游泳对于游客来说绝对是个非常好的选择。河滩上彩伞簇拥，人们有的静静躺在沙面上，有的驾驶游艇飞驰在河面上，别具风味。另外，这两段河流因受到的气候影响明显，水量变化较大，因此在雨季时期河道常会扩宽，大水泛滥，使沿岸形成许多的沼泽、湖泊。

◎"重女轻男"的民族特色

在位于林波波河上游南岸的南非境内，生存着一类土著黑人居民——

祖卢人。盛行着一种传统习俗：生女高兴，生男忧，重女轻男现象极为明显，甚至十分的严重。一对祖卢夫妇，第一个孩子假如是女孩的话，夫妇欢天喜地，长者眉开眼笑，并且还会举办酒席庆贺；一旦生的是个男孩，妻子就会觉得无脸见人．就会跪在丈夫面前请求宽恕，并保证下一次一定生个女孩。

如果第二个孩子降生后依然是男孩，这时丈夫就有权利将妻子送回娘家，断绝夫妻关系，自己再娶另一个女子为妻；如果妻子在生了第一个男孩后而不能继续生育了，丈夫也同样有权休妻另娶。当然，假如妻子第一个生的是女孩，后来生的都是男孩，或者第一个生的是男孩，而后来生的都是女孩的话，那日子还是过得下去，夫妻之间的感情也不会有什么大的问题。

在祖卢人的社会风俗中，重女轻男的这种观念十分浓厚。在此地区女孩象征着财富，谁家女孩越多，就会越富有，人们则会越羡慕。

▶知识链接

> 林波波河两岸曾经是南部非洲灿烂的古代文明的发祥地，至今仍保存有比较完整的"大津巴布韦遗址"。林波波河中游北岸的津巴布韦，历史上叫做"南罗得西亚"。这个古城遗址就在南部距离林波波河200多千米的维多利亚堡附近，于1868年发现。该遗址规模宏大，包括城堡、坚实城墙、庙宇和许多住宅，建筑物全部都是用石头砌成，表面呈不规则状，墙壁用整块巨石堆积而成。林波波河畔规模宏大，名胜古迹气魄雄伟，深刻反映出了古代非洲文化发展的水平之高。

| 拓展思考 |

1. 为什么这里的人们会把牛看的那么重要？
2. 林波波河有哪些气候特征？

坦噶尼喀湖

Tan Ga Ni Ka Hu

坦噶尼喀湖是淡水湖，它在非洲的中部，位于东非大裂谷区的西部裂谷部分，属于断层湖，深度最深处位于坦噶尼喀湖的北部。除了有两条主要的河流注入坦噶尼喀湖外，还有很多小河也流进湖中，在流入坦噶尼喀湖的两条主要的河流中，以鲁济济河为最大，它从湖的北边流入；另一条则是马拉加拉西河，它是东非国家坦桑尼亚的第二条大河。从东边流入坦噶尼喀湖的马拉加拉西河是一条早期流入坦噶尼喀湖的河系，上游曾是非洲的刚果河。由坦噶尼喀湖流出的河川主要是鲁库加河，这一条河川最后消失在刚果河流域中。

◎地形及特征

坦噶尼喀湖属于规范的裂谷型湖，南北狭长由于地壳断裂下陷而成，由于断裂的作用还形成了湖岸周围的高崖峭壁，蜿蜒曲折的湖岸线长达1900千米。入湖的河流主要有马拉加拉西河、鲁济济河、卡兰博河等，湖水唯一的出口是卢库加河。坦噶尼喀湖是世界第二古老的湖泊，经过地质学家的研究，认为坦噶尼喀湖是在100万年前形成，最深处1470米，其深度仅次于贝加尔湖，为世界第二深湖。面积32900平方千米，是世界的第六大湖。非洲有四个国家都拥有这个湖的一部分。

湖底地形主要包括南、北两个深水盆地。坦噶尼喀湖的湖岸线曲折蔓延，滨湖平原也很狭小，许多地方陡峻的山峰直插水中，形成笔直的悬崖峭壁。湖岸附近普遍为深渊。

1858年，坦噶尼喀湖第一次被发现并被记录下来，由欧洲探险家理查·波顿和约翰·史贝吉所记录。这两位探险家是为了寻找尼罗河的源头而来到东非。后来，约翰·史贝吉又发现并记录了另一个更大的淡水湖——维多利亚湖。由于它为非洲的热带动物、水生生物提供了干净的水源，因此，坦噶尼喀湖周边和湖中的生物种类都相当的丰富，生物学家甚至认为世界上80%的鱼类都曾在这个湖中被发现。

坦噶尼喀湖对沟通非洲内陆国家经济发展发挥了极其重要的作用，中非国家许多进出口物资从坦桑尼亚经坦噶尼喀湖运往各地。除坦赞铁路外，中非许多国家都还没有修建铁路，靠公路运输往往要穿越崇山峻岭，时间长达2～3个月，这样坦噶尼喀湖就成了中非内陆国家的交通要道。

※ 坦噶尼喀湖的冬季

◎坦噶尼喀湖的资源

坦噶尼喀湖上鸟类非常多，有"鸟的王国"之美称。鸟类不仅数量繁多，而且种类也很多，有白胸鸦、红喉雀、斑鸠、白鹭、黄莺、灰鹳、鹦鹉等等，最为著名的要数红鹤。红鹤的脖子和双脚细长，嘴巴粗短而略带弯曲，全身白白的羽毛闪着一层淡淡粉色的光泽，它像仙鹤一样的清瘦，但比仙鹤更为秀丽。每天太阳刚刚升起来的时候，红鹤就会放开歌喉，为大自然奏起一支快乐而富有朝气的晨曲，中午烈日高照，晴空万里，红鹤成百成千地飞翔在蓝天间，它们的首尾处在一条直线上，翅膀也会摆放在同一水平线上，上下翻飞，左右盘旋，齐崭崭地一横排，看起来格外的壮观，而当红鹤成群结队的落在水面上休息时，红鹤就如从天外飘降的粉红

的云霞，在湖面上悠悠的浮动。

坦噶尼喀湖中最少有 300 种以上的鱼类，大量的属慈鲷科的鱼和 150 种非慈鲷科的鱼类，多数都生活在湖底。鲁库加河流出的河口是鱼类最多的区域，其中坦噶尼喀沙丁鱼就至少有 2～6 种，而掠食性的食人鱼（与非洲维多利亚湖边的掠食性以及尼罗河食人鱼有所不同）就有 4 种。在坦噶尼喀湖中的慈鲷有 98% 都是湖中特种。另外，坦噶尼喀湖中有相当多特种无脊椎软体动物，如螃蟹、水蛭、桡足类动物等。

坦噶尼喀湖沿岸景色清爽秀丽，气候宜人，植物生长比较繁茂，有许多的野生动物成群出现，这此地区是考察野生动、植物的广阔天地。湖面平静如镜，湖中多鳄鱼及河马，沿岸生存的有大象、羚羊、狮子、长颈鹿等非洲特有的动物。湖中鱼类和各种水鸟相当丰富，是良好的天然渔场和鸟类的聚集基地。山坡上丛林密布，有的地方瀑布飞泻湖中，美丽的山光水色，使它成为非常宜人的旅游和休憩的圣地。

| 拓展思考 |

1. 坦噶尼喀湖有哪些水文特征？
2. 坦噶尼喀湖属于哪类湖泊？

地球上的江河海洋

马拉维湖

Ma La Wei Hu

马拉维湖是非洲的第三大湖，位于非洲东南部，在马拉维、坦桑尼亚、莫桑比克的交界处，非洲大裂谷带东部，由断层陷落而成。南北长 560 千米，东西宽 32～80 千米，湖面积 3 万多平方千米，湖面海拔400 多米，平均水深 200 多米，北端最深达 700 多米，低于海平面 230 多米，是非洲第二深湖。湖岸有许多的高峻崖壁，东部是利文斯通山，西部是尼卡高原和维尼亚山地。

马拉维最出名的地方是地处东非大裂谷带的马拉维湖。因为数字的巧合，马拉维湖有一个奇特的名字——"日历湖"。湖的长度是 365 英里（约 590 千米），最宽处为 52 英里（约 85 千米），正好与一年的天数和周数吻合，马拉维湖因此也得到了"日历湖"这样一个外号。

▶ 知识链接

马拉维湖的面积达到了 3 万平方千米，是非洲国土面积的 1/4，数倍于中国最大的淡水湖——鄱阳湖，不过它还只是非洲的第三大湖（另外还有两个非洲大湖也在东非，分别是维多利亚湖和坦噶尼喀湖）。在每年的六七月份是去马拉维旅游的最好季节，也是马拉维湖最美的时候。

马拉维湖是非洲第三大淡水湖，也是世界第四深湖。在马拉维湖周围，除南部外，三面山峰重峦叠嶂，风景优美。湖水由四周 14 条常年有水的河流注入，其中以鲁胡胡河水量最大，向南流经希雷河与赞比西河相连。湖区大部分水域是在马拉维共和国境内，只有东部在马拉维湖沿岸以及北部一小部分属于坦桑尼亚和莫桑比克，沿湖有卡龙加、恩卡塔贝、恩科塔科塔、奇波卡等湖港。马拉维湖青翠挺拔的山峰相对耸立在狭长的湖面两岸，形成了两道壁障，景色也极其的壮观。

整个湖区处于裂谷地段，青山绿水，云雾缭绕，仿佛是悬浮在半空之中的一处仙境。深入湖区，仰望绝壁险峰，瀑布飞奔而下；远眺湖湾的水域，湖面微波细浪被风轻拂而过，茫茫无涯。马拉维湖不仅风光柔美，而且集多种美景于一身，有的地方高崖环绕，波涛汹涌拍打着岸边，有的地方流水潺潺，特别是北部湖区，被誉为"中南非洲最壮丽的湖光山色"，再加上此湖区的地带气候温暖，水源较为充足，土地肥沃，花草茂盛，历来就是非洲有名的游览胜地，每年都有大量来自世界各地的游客前来观光。

马拉维湖是当今世界的一个奇异的湖泊。根据当地的介绍，马拉维湖在上午9时左右，泱泱湖水就开始消退，直至水位下降6米多才中止，大约"休息"两小时，湖水继续消失，直到出现浅滩了才渐渐停息。4小时后，退回远处的湖水会陆续的返回"家园"，使马拉维湖又恢复了原来的丰盈姿容。下午7时，湖水开始骚动，只见水

※ 马拉维湖

位不断上升，一直到洪流漫溢，倾泻于四面八方，大约过两个小时后，马拉维湖才得以风平浪静。但是，马拉维湖的水位的消长并没有一定的规律可言，有时一天一次，有时几天一次，有时几周才一次，每次都是上午9点左右，前后持续约12小时。该湖水位涨落的这种奇特现象虽经各国地理学家多年探究，目前仍是个未解之谜。

马拉维湖还以鱼类丰富而闻名于世，被生物学家们称为"世界上研究脊椎动物的最好场所"，是难得的天然实验室。在马拉维湖各种的鱼类中，兼具有经济价值与研究价值以及具欣赏价值要属湖中的丽鱼，小丽鱼是在母丽鱼的嘴里长大的，雌丽鱼嘴里能容得下15～20条小丽鱼。马拉维湖中还有一种有趣的丽鱼，它们习惯于居住在蜗牛壳里，还能改变自身的性别。假如雄鱼不幸身亡而去，与其相爱的雄鱼久盼不得相见，她便会因此而变成雄鱼。

在每年的12月到第二年的1月的雨季期间（当地的雨季为12月至第二年的3月），会有大量的蠓虫群集于马拉维湖上空进行交配繁殖，就像云雾在湖面上随风飘荡，形成马拉维湖"虫子云"一大奇观。

拓展思考

1. 马拉维湖有哪些气候特征？
2. 马拉维湖有哪些诱人的景致？

非洲最大的湖——维多利亚湖

Fei Zhou Zui Da De Hu——Wei Duo Li Ya Hu

维多利亚湖位于东非高原，微略呈四边形，是非洲最大的一个湖泊，面积约为 69000 多平方千米。湖盆由于地面凹陷而形成，其形成原因与东非高原的其他大湖完全不相同。

目前，维多利亚湖的生态系统在逐渐恶化，尼罗河鲈鱼被引进湖中后，对生态系统造成了灾难性的破坏，数百种当地特产物种因此而灭绝。产于美洲热带的水葫芦被引进维多利亚湖后，因水葫芦植物聚集生长，影响交通、水力发电、捕鱼及生活的饮水。后来，培育了一种以水葫芦为食的象鼻虫放到湖中，才有了显著效果。

※ 维多利亚湖风光

▶ 知识链接

关于维多利亚湖的最早记载是来自于往来的非洲内地的阿拉伯商人。1160年，一张名为 AlAdrisi 的地图就明确标明了维多利亚湖的准确位置，并将其标为尼罗河的源头。阿拉伯人称此湖为乌凯雷韦。

※ 维多利亚湖风光

维多利亚湖水产极其丰富，为非洲最大淡水鱼产区，其中主要以维多利亚湖慈鲷而著名。

◎维多利亚湖名字简介

1860 年至 1863 年，英国探险家约翰·汉宁·斯皮克和格兰特曾深入非洲大陆，寻找作为世界第一长河、古埃及文明摇篮的尼罗河的源头。结果，他在非洲腹地发现了一个水域辽阔的湖泊，他用当时英国女王的名字为这个大湖泊命名。这个大湖就是非洲第一大湖——维多利亚湖。

| 拓展思考 |

1. 世界第一、二大淡水湖分别是哪个？

2. 世界第一大湖位于哪里？

3. 维多利亚湖是由维多利亚女王名字命名的，你还知道哪些文明是以维多利亚女王的名字命名的？

最古老的海——地中海

Zui Gu Lao De Hai——Di Zhong Hai

地中海分别被欧洲大陆、非洲大陆和亚洲大陆所包围，长约 4000 千米，面积约为 250 多万平方千米，是世界上最大的陆间海。西部经过直布罗陀海峡与大西洋连接，东部经过土耳其海峡与黑海相连。

地中海区域夏季炎热干燥，冬季温暖湿润，被称为地中海气候。这种气候使周围河流冬季水位很高，夏季干旱枯竭，这种冬雨夏干的气候在世界各种气候类型中最为特殊。

※ 地中海风光

▶ 知识链接

　地中海是世界上最古老的海，堪比大西洋的历史。地中海位于欧亚大陆和非洲大陆的交界处，也是世界最强地震带之一。由于拥有许多天然良好的港口，也是世界海上交通的重要通道之一。

地中海鱼类主要有：大菱鲆、无须鳕、鲆鲽、沙丁鱼、鳀鱼、鲭鱼和蓝鳍金枪鱼等。由于地中海周围差不多都是陆地的地理环境，给海水环流造成了严重的障碍，海洋生物生存的氧气和养料的混合也受到了严重的阻隔。这是造成地中海生物比其他的大陆附近海区生物稀少的主要原因。

※ 地中海风光

◎地中海岛屿

西西里岛是地中海的最大岛屿，其次是撒丁岛、塞浦路斯、科西嘉岛和克里特岛等等，其中塞浦路斯是地中海

东部的一个岛国，它主要是位于土耳其南部。目前，主要居住着土耳其人和希腊人。科西嘉岛位于法国东南海岸，为地中海第四大岛，著名的政治人物拿破仑就是出生于此岛，并且还有许多航海家和地图制作者也来自于此岛。

西西里岛也是人口最稠密的岛，它位于亚平宁半岛的西南，属于意大利。西海岸渔业发达，

※ 地中海景象

并且还发现了石油和天然气，还有硫黄、盐场等矿藏，从而促进了经济发展。然而，人口过度密集，造成环境污染并缺水，且此地区还形成着国际性的非法组织。

◎地中海名称起源

最早犹太人和古希腊人简称地中海为"海"或"大海"，因古代人们仅知此海位于三大洲之间，故称之为"地中海"。该名称开始见于公元三世纪的古籍。公元七世纪时，西班牙作家伊西尔第一次把"地中海"作为地理名称。

| 拓展思考 |

1. 地中海海水的主要来源于哪里？
2. 你还知道哪些海是内陆海？

欧

洲的江河海洋

OUZHOUDEJIANGHEHAIYANG

第三章

　　欧洲大陆的河流、湖泊众多，但分布很不均匀，主要分布在北部和阿尔卑斯地区。按流向可分为北冰洋——大西洋以及地中海——黑海——里海两大流域。发源于阿尔卑斯山脉的河流，除莱茵河注入北海外，其余大多注入地中海，或通过多瑙河注入黑海；南欧的河流大多数都注入地中海，仅有伊比利亚半岛梅塞塔高原中西部的河流注入大西洋。

世界最大内流河——伏尔加河

Shi Jie Zui Da Nei Liu He——Fu Er Jia He

伏尔加河是世界上最大的内流河，也是一条典型的平原河流。它发源于东欧平原西部的瓦尔代丘陵中的湖沼之间，总长约为 3600 多千米，面积约 130 多万平方千米，是欧洲第一长河，最终注入里海。

◎伏尔加河流域的主要特征

伏尔加河位于俄罗斯西南部，流域地处于高纬度，冬季寒冷且漫长，降雪量相当丰富，因此河水的来源补给主要靠冰雪融水，因而形成了伏尔加河水位的各季节有所不同。伏尔加河流域的大部分地区为大陆性气候，上中游和下游右岸，属于森林气候；下游左岸属于草原气候和半荒漠气候。

※ 伏尔加河

伏尔加河的河源海拔仅 200 多米，为平原河流，直到距河源不远的尔热夫，高程才降到 160 多米，以下超过 3000 千米距离内，总的落差只有 190 米，因此流速非常缓慢，河道弯曲，河中多沙洲和浅滩，河滩上也有着大量牛轭湖和废河道。

▶ 知识链接

伏尔加河流域居住着六千多万居民，其数量为俄罗斯人口的五分之二，农业、工业、渔业产值约占全国总产值的四分之一，航运货物量是全国水运的百分之七十。从以上数据可以看出，伏尔加河在俄罗斯的国民经济中以及在俄罗斯人们的生活中起着至关重要的作用。

◎重要支流及水利工程

伏尔加河诸支流中，主要以奥卡河和卡马河为最重要，奥卡河发源于中俄罗斯丘陵，在高尔基城附近与伏尔加河交汇，干流长约 1400 多千米。河口年平均流量为 1230 立方米/秒，奥卡河的注入使伏尔加河的水量增加百分之七十以上（由 1710 立方米/秒增为 2940 立方米/秒）。卡马河是

※ 伏尔加河景观

伏尔加河最大支流，发源于乌拉尔山脉西坡，干流长 2000 多千米，流域面积 $521×10^3$ 平方千米，约占伏尔加河流域总面积的五分之二，流域内森林茂密，河网发达，水量丰富。它在喀山以南与伏尔加河汇合，河口流量为 3760 立方米/秒，几乎与汇合处的伏尔加河流量相等。与卡马河汇合后，伏尔加河水量约增加了一倍。

伏尔加河上建有九座大型水库分别为：伏尔加水库、伊万科夫水库、乌格利奇水库、雷宾斯克水库、高尔基水库、切博碌萨雷水库、古比雪夫库、萨拉托夫水库和伏尔加格勒水库。

水坝和水库系统的建立，阻挡并且切断了多种鱼类的栖息地，工业废水排放等原

※ 伏尔加河景观

因致使伏尔加河渔场受到严重影响，河流污染是全世界人们所担心的问题。

拓展思考

1. 世界上第二大内流河是哪条？
2. 伏尔加河最大支流是哪条？
3. 世界上第三大内流河是哪条？

美丽的多瑙河

Mei Li De Duo Nao He

多瑙河发源于黑林山的东坡，从西向东流经的地区分别有：奥地利、斯洛伐克、匈牙利、克罗地亚、塞尔维亚、保加利亚、罗马尼亚和乌克兰中南部八个国家，最终注入黑海。干流全长 2800 多千米，流域面积为 80 多万平方千米。多瑙河流经的国家之多，地形之复杂，堪称地理上的一大奇观。多瑙河还是一条重要的国际河流，其航运价值非常的大。多瑙河源远流长，水量丰富，河口年平均流量达 6430 立方米/秒，每年有 203 立方千米的水通过多瑙河流入黑海。

◎多瑙河特征

多瑙河从发源地到维也纳的河段为上游，河流沿巴伐利亚高原的北部边缘从西向东流，经过阿尔卑斯山脉北坡和捷克高原之间的丘陵地到达维也纳盆地。这是一段典型的山地河流，河谷窄而深，河床坡度大并且有着许多的浅滩和急流。

※ 多瑙河风光

多瑙河的基本水量来自右岸各支流。水文状况与这里的气候及上游水文状况有关。春季，由于积雪融化，水位达到最高，高水位一直延续到夏季；夏末秋初由于蒸发很大，河水明显下降；秋季，由于蒸发减弱和雨水补给，水位再次上升；冬季，多瑙河会封冻。

多瑙河流域属于温带海洋性气候和温带大陆性气候的过渡地区，多瑙河三角洲地区与草原气候相似，西部和东南部比较温暖、湿润。又因为大陆性气候的影响，冬季比较寒冷。

多瑙河沿岸的许多国家，在罗马尼亚首都布加勒斯特举行了发展多瑙河水利以及保护水质的国际会议，协调行动。通过共同声明，沿岸各国加强合作，为更合理地开发利用多瑙河水资源而做出努力。

◎变色的多瑙河

奥地利专家马克·舍赫尔统计，多瑙河河水一年之中会有多种颜色发生，其中有：棕色、浊黄色、浊绿色、鲜绿色、草绿色、深绿色等。经过长期的科学考察，认为变色的原因可能是河流本身曲折多变而造成的。

在多瑙河形成的初期，欧洲大陆分散着大量的盆地，盆地中的河

※ 多瑙河自然景观

流经过长时间的累积，连接成了单一的水系。多瑙河的水量分布很不均匀，有的河段几乎干涸，有的河段深度却超过了 50 米，还有河流通过深深的地表裂缝流入地下，且又能从下游别的地方流出来。河水混杂着大量的地下物质并且还发生一定的化学变化。水深不同以及地下伏流的酸碱程度也有所不同，在一定的大气、光线折射条件下引起了河水颜色的多变化。

◎多瑙河的灾难

多瑙河流域有着多种动植物及 100 多种鱼类。由于栖息地退化、过度开发等原因，造成回游性鱼类濒临绝种。

多瑙河夏秋季经常性的出现洪灾，主要是奥地利及斯洛伐克和匈牙利边界河段，洪水往往来源于发生洪灾河段的支流。因而，上游河段的河水多少也会受到些影响。许多布达佩斯以下河段曾发生过冰凌洪水，由于河水结冰，有时水位比夏秋降雨洪水还要高 3 米左右，给河流近岸的人们带来了很严重的灾难。

地球上的江河海洋

◎多瑙河名字由来

"多瑙河"这个名字来源于一个古老的传说。相传在很久以前，基辅公国有个名叫多瑙·伊万的英雄，他娶了女英雄娜塔莎为妻子。在他们的结婚的宴席上，多瑙·伊万夸耀自己说："在基辅再也没有比我更勇敢、更有本领的人了。"当时，新娘对他这种傲慢没有反驳，于是多瑙·伊万趁着酒兴，为了显示一下他那高超的射技，便邀请他的妻子到野外去比赛。结果，娜塔莎获得了胜利，被激怒的多瑙·伊万一箭射死了自己心爱的妻子。

※ 多瑙河风光

他清醒过来后痛不欲生，就伏倒在妻子冰冷的尸体旁自杀了。他的血缓缓流淌，就变成了今日的多瑙河，多瑙河就因此而得名。

◎关于多瑙河的故事

很久以前，在一个寒冷的冬夜，老渔夫和他的儿子坐在闪动的炉火旁修补破旧的渔网。"在多瑙河河底有一个很大的宫殿，"老渔夫开始给儿子讲多瑙河女妖的故事，"河王和他的家人都住在那个宫殿里面。河王的女儿是一个聪明妖娆的精灵，她对小伙子最感兴趣，年轻人往往会在她的诱惑下一步步走进激流，不知不觉淹死在水中。"说到这里他补充道，"我亲爱的儿子，你一定要留心，千万不要受到多瑙河女妖的迷惑。"

老渔夫不断地讲述女妖的故事，他的儿子却认为这故事并不真实，因为他整年围着多瑙河转，从来没见过女妖的踪迹。有一天晚上老渔夫又开始讲述女妖的故事，小木屋的门突然被推开，随着闪光一个无比美丽的少女站在门前，她头上的睡莲闪着水珠，身上的白纱裙随风飘荡。"请不要害怕，"她

※ 多瑙河

用那双迷人的眼睛望着年轻的渔夫说，"我是多瑙河女妖，我到这里来是要告诉你们，今年的冰雪提早溶化，大水就要漫过河岸淹没渔村，你们必须立即离开，这里的一切马上就要荡然无存了。"父子二人愣愣地坐在那里，多瑙河女妖已经离开了好长时间，他们都说不出一句话。最后老渔夫吸着长气问儿子，"你也看到她了吗？"年轻人惊得目瞪口呆，只会默默地点头。

父子俩醒过神来迅速跑到村里传达着多瑙河女妖的警告。消息迅速传开，渔民们立即收拾家当，当天晚上就搬到了安全的地方。

第二天一大早，洪锋咆哮着从多瑙河上游疾驰而下，冰排撞击激起千重浪，滔滔洪水淹没了渔村的小木房，是多瑙河女妖的警告让渔民们及时逃离了水患，在这场大水中，没有一个家畜淹死，也没有任何人在洪水中丧生。

※ 多瑙河景观

洪水退回了河床，渔民们都返回了自己的家园，小渔村很快就恢复了正常的生活。但是那个年轻人却从此失去了昔日的安宁，那金色的发卷，那甜美的声音，那迷人的目光……多瑙河女妖美丽的倩影在他的脑海里挥之不去，他总是在多瑙河岸边流连忘返。有一天半夜，他再也不能承受自己的相思之苦，于是，便划着小船来到多瑙河中心，等待和梦中的情人相见。第二天一大早，人们看到有一艘无人驾驶的小船独自在河中漂荡。

从此以后，再也没有人见过那个年轻的渔人，孤独的老渔夫坐在家门前望着蓝色的多瑙河为儿子的命运感叹。他知道，儿子是跟着多瑙河女妖沉到了河底，并且与她一起生活在水晶宫里，再也不会返回家园。

拓展思考

1. 关于多瑙河的文化你知道哪些？
2. 欧洲第二大河是哪条？

"诱人"的莱茵河

"You Ren" De Lai Yin He

莱茵河的山地支流拥有丰富的水力资源，其中有许多已被用作水力来发电。莱茵河的可通航里程比较长，两岸居民点和工业城市密集，它对附近地区的经济生活有着十分重要的意义。

◎莱茵河概况

莱茵河发源于瑞士阿尔卑斯山北麓，从南向北流经有：瑞士、列支敦士登、奥地利、德国、法国、荷兰等国，最后注入北海。莱茵河总长度约1360千米，面积约20多万平方千米。

从美因兹到波恩，莱茵河穿越了石岩山地，河床因而变窄，流速急剧增加。波恩以下为莱茵河的下游，河流进入了中欧平原，由于这里固体降水的比重较小，冬雨对河流的作用增大，冬季时的水位略高于夏季，但是水位的季节变化不大，水文状况也是相当稳定的，水量常年丰富，河口的年平均流量达2500立方米/秒，比巴塞尔增加了一倍半。

在巴塞尔附近，莱茵河的流向由原来的东、西方向剧变为南北方向。从巴塞尔到美因兹，莱茵河蜿蜒在宽广的阶状谷地中，这就是著名的莱茵低地。这一段河床的坡度不大，河道弯曲，为了发展航运事业，许多地方改进了截弯取直工程，并且还进行了定期的疏导。

从巴塞尔到美因兹河段两岸有着大量的支流汇入河中，其中以右岸的内卡河和美因河为最大。春汛是此河段各支流的共有特点。这是由山地春季融雪和部分雨水引起的，它使莱茵河的水量更大，并使莱茵河的水文状况发生了复杂的变化。但是夏季

※ 莱茵河景观

流量最大的基本特点没有改变，足以说明阿尔卑斯山脉的冰雪融水量对莱茵河补给的重要性。

▶知识链接

　　从鲁德斯海姆到科布伦茨 50 多千米的莱茵河段，最能代表莱茵河独特的自然景观与人文景观，被联合国教科文组织列为世界自然文化遗产。为了保护自然风景的原貌，这一段莱茵河上没有架设桥梁，往来两岸都依靠轮渡来通行。

　　从历史和货运量上来讲，莱茵河在世界诸河流中是无可比拟的商业运输大动脉。自莱茵河流域并入罗马帝国以来，莱茵河就是欧洲最大的重要运输线路之一。

※ 莱茵河风景

◎莱茵河美丽的童话

　　传说有位美丽的少女，坐在山上神采焕发，金黄的首饰闪烁，她用金黄的梳子梳理着金黄的头发，一边还唱着歌曲，歌曲的声调有迷人的魔力。小船里的船夫听到歌曲后会感到狂想的痛苦，使他不看水里的暗礁，只是仰望高处，最后波浪吞没了船夫和小船。少女用她的歌唱，造下了这场灾难。

另一个传说是，美女罗蕾莱因遭魔咒，被迫用其美丽容颜与动人歌声吸引莱茵河上往来船夫，导致许多船夫无法集中注意力好好行船而船毁人亡。为摆脱魔咒，罗蕾莱最终从悬崖跳入莱茵河。在海涅的诗里，罗蕾莱用歌声蛊惑过路的水手，妖媚而神秘，充满了诗人的灵感和想象。

还有一个传说，罗蕾莱是一个穷人家的女孩，她与一个富家子弟相爱了，但是地位悬殊使他们不可能在一起。每天的清晨和黄昏，罗蕾莱登上山崖的最高处，坐在一块石头上梳着金色的头发，唱着歌。希望爱人的游船从山崖下经过的时候，能看到她的身影，听到她的歌。终于有一天，爱人的游船从山崖下驶过，罗蕾莱从山上一跃而下，将美丽的青春和无望的爱情一同带进了莱茵河。当地产出一种葡萄酒，并以"罗蕾莱的眼泪"为名，所采用的葡萄距罗蕾莱山崖只有数百米的距离。

莱茵河上有一座桥，是用木板和铁的链绳相连横跨于莱茵河的桥，有点像浙西大峡谷上的晃桥一样，这座桥非常长，人走上去有很晃，很危险的感觉。

在当地有一个传说，说是如果孕妇或者恋人一起走过那座桥，孕妇生下来的孩子会非常的健康，而恋人会很恩爱，并且可以白头偕老。

※ 莱茵河自然风景

◎莱茵河景观

莱茵河的美带着厚重、轻灵、历史和童话，人文与自然的结合，是一种难以言语的美。这大概就是它的诱人之处吧！

莱茵河最美丽的角落是著名的"四湖景"，主要由莱茵河宽阔的河面在绿洲分隔之下，曲折蜿蜒，远看就像是一个连串的湖泊而得名。在这里，还有重要的古迹，就是立于河

※ 美丽的莱茵河景观

岸上的普法战争纪念碑，最上端是胜利女神正张开双翅，迎接普鲁士的胜利。下面还有威廉皇帝、俾斯麦首相以及战争中其他人物的塑像，都非常的壮观。

在莱茵河畔有一座历史名城吕德斯海姆，它因拥有一条中古时代的德洛塞尔小巷而闻名于世。小港两旁有着黑色的小楼，楼身在街中心突出，看上去具有建筑艺术的美感，楼上下都有鲜花点缀，显得精细且高雅。古老的建筑艺术、欢乐的节日气氛，令众多游客流连忘返。

| 拓展思考 |

1. 莱茵河是欧洲第几大河？
2. 欧洲最大的瀑布是哪个？
3. 莱茵河是西欧的第几大河？

泰晤士河

Tai Wu Shi He

美丽的泰晤士河是英国的母亲河，它发源于英格兰西部的科茨沃尔德山，穿过青山绿林和葱笼草地，流入伦敦市区，绵延而去，最后流经诺尔岛注入了北海。比起地球上的一些大江大河，它不算长，但它流经之处，都是英国文化精华所在，也可以说是泰晤士河哺育了灿烂的英格兰文明。泰晤士河全长 340 千米，通航里程为 300 多千米。该河流从伦敦桥开始，河床加深，河面也大大的变宽，伦敦桥一带河宽为 200 多米，到格雷夫森德宽达 640 米。

◎有关河流的解析

泰晤士河为英国最大的一条河流，河水网较复杂，支流众多，它的主要支流分别有：彻恩河、科恩河、科尔河、温德拉什河、埃文洛德河、查韦尔河以及达伦特河等等。泰晤士河流域多年平均降水量 700 多毫米，多年平均径流量 18.9 亿立方米。洪水多发生在冬季，枯水多出现在夏季。

泰晤士河水位稳定，冬季通常不结冰，有许多运河与其他河流相通，航运条件非常好。干流从西伦敦特丁顿坝以下为河口段，长 99 千米，海轮可乘潮上溯直达伦敦。泰晤士河具有多种功能，但是目前却存在水资源紧张、水污染及防洪防潮等水利问题。

泰晤士河供水系统每年都要向 1300 万人或两千万人次的旅游者，以及工业企业提供稳定可靠的水源。泰晤士河现有的自来水厂 94 个，其中总供水量的 51.3％取自泰晤士河，8.1％取自里河，另有 40.6％开采地下水。为了提高供水能力，泰晤士河流域内又连续修建了山丘区水库以及平原区水库，其中调剂伦敦地区用水的有 11 座水库，总调蓄水量可供伦敦市用 100 天。

从伦敦市中心穿过的泰晤士河，使伦敦成为了世界上不可多得的一大良港。同时，伦敦地处地中海与波罗的海中途，成为这一带地区最理想的商业港，这无疑是促进伦敦繁荣的重要途径。

※ 泰晤士河伦敦桥

◎名副其实的"宽河"

泰晤士河在塞尔特语中的意思是"宽河"，现实中的泰晤士河也正是名副其实的宽河，它全长340千米，流域面积15000平方千米，是连接大西洋的重要方便通道。泰晤士河在从西往东的流经过程中，穿越过了牛津和伦敦等众多文化名城。有人赞美泰晤士河道："没有泰晤士河就没有伦敦"；英国作家丁·皮尔说："泰晤士河造就了英国历史的精华"。

当你见识到了泰晤士河的壮观与雄伟，你就会认为人们对泰晤士河的评价是正确的，因为泰晤士河的确是一条阅尽了英国历史沧桑的大河。当你坐着船沿着泰晤士河旅游，就感觉如同进入了一个时间隧道，一路过去，到处是英国的历史名迹，泰晤士河两岸的旅游胜地更是让人眼花缭乱。

如果从泰晤士河河口逆流而上，首先看到的就是有着悠久历史的格林尼治，那里有举世闻名的古天文台。另外，格林尼治还有英国国家海军学院，每年这里都会培养出大批优秀的海军军官。

据研究，在数百万年前，泰晤士河已经沿现有河道路线流动，即途经牛津、伦敦等地而到达伊普斯维奇市注入北海。在冰河时期末端，源头的冰层开始融化，大量冰水涌入泰晤士河，使河道进一步发展，从而成为了今日的形态。而在一万两千年前，英国与欧洲大陆版块连接，据称泰晤士河的源头位处威尔士，一直流到莱茵河汇合。直至后期大陆版块发生移动，源头有所改变，泰晤士河尽头也变成了北海。

◎泰晤士河的景观

"伦敦眼"摩天轮是伦敦地平线上主要的标志之一。因为摩天轮是在1999年底开放的，所以又被称为"千禧轮"。它高达135米，位于泰晤士河河畔。

"伦敦眼"为庆祝新千年而建造，是目前世界上最大的旋转建筑物，装配起吊的难度可想而知。据说，所有部件都用驳船运到泰晤士河，在河上搭建了临时平台，把转轮放倒装配。竖起来之前，它在泰晤士河上摇摇晃晃了一周，把全城人的心都吊了起来。现在它由搭乘平台处的两座马达带动着旋转，有66个封闭座舱，每个舱可容纳二十几个人。座舱里装着太阳能电池，提供通风、照明以及通讯系统的电力。为了保证在强风下的稳定性，有10米长的外支架连接到转盘的轴心并锁定在地面上。它旋转一周需30分钟，速度极慢，因此乘客可以在舱位抵达地面时进出舱，而这时候的轮子仍在旋转。如果天气晴朗，观察者的视野可达1.6千米。有一个关于摩天轮的说法：一起坐摩天轮的恋人最终会以分手告终，但当摩天轮达到最高点时，如果与恋人亲吻，就会永远一直走下去。幸福就像游乐场的摩天轮，要转一大圈才能找到，并且是不能回头的。

◎泰晤士河上的建筑

泰晤士河畔的建筑中值得提及的是河畔上众多的闻名桥梁。泰晤士河上的第一座桥梁——塔桥，这座塔桥是英国首都伦敦的标志，桥的风格独特，气势磅礴，在两个巨大的桥墩上建有五层楼的高塔。塔桥的设计十分合理，上层支撑着两侧的桥塔，下层桥面可以开合，合起来时桥上可以通车，打开时河面上可行船，堪称是世界桥梁建筑史上的一大奇迹。

伦敦的主要建筑物大多坐落在泰晤士河的两旁，尤其是一些有着上百年、甚至三四百年历史的建筑，比如有着象征胜利意义的纳尔逊海军统帅雕像、葬有众多伟人的威斯敏斯特大教堂、具有文艺复兴风格的圣保罗大

教堂、曾经见证过英国历史上黑暗时期的伦敦塔、桥面可以起降的伦敦塔桥等，每一幢建筑都堪称上是艺术的杰作。

泰晤士河上"年龄"最老的桥是伦敦桥。伦敦桥始建于公元963年，它原是一座木桥，两个世纪后改为石桥，当时已是沟通南北两岸的唯一通道。后来，石桥又几经磨损，在十九世纪初期被改建为五拱的花岗岩桥。再后来有了更坚固的桥，伦敦桥应付不了日益繁忙的交通压力，便被搁置不用了。后来，在这座废桥被一位英国绅士变成了无价之宝，当作古董卖给了美国亚利桑那州哈瓦苏湖城的地产商。美国人把这座桥的构件逐一编号拆卸，用巨轮运至美国，再按原样在哈瓦苏湖上把它重新砌筑起来，又经过反复的修饰，最终成为了一个别开生面的旅游点，称其为"小伦敦"。

这些建筑虽历经沧桑，且又经过第二次世界大战那样的战争洗礼，但仍然保持了原有的模样，直至今天还在为人们所使用。在伦敦上游，泰晤士河沿岸有许多名胜之地，诸如伊顿、牛津、亨利和温莎等。泰晤士河的入海口充满了英国的繁忙商船，然而其上游的河道则以其静态之美而著称于世界。

| 拓展思考 |

1. 在英国还有哪些著名的建筑？
2. 泰晤士河有哪些价值？
3. 泰晤士河为英国第几大河流？

巴黎的灵魂——塞纳河

Ba Li De Ling Hun——Sai Na He

塞纳河被称为是巴黎的灵魂，它是法国一条重要的河流，位于法国北部，源于东部海拔 400 多米的郎格勒高原，流经巴黎盆地，在勒阿弗尔附近流入了英吉利海峡。河流全长约 760 多千米，流域面积七万多平方千米。它在巴黎的诞生及发展中演绎着重要的角色，是巴黎民族的灵魂。

◎塞纳河简介

塞纳河位于法国的北部，它是欧洲具有历史意义的大河之一，它的排水网络的运输量占法国内河航运量的绝大部分。自中世纪初期以来，它一直是巴黎之河，巴黎这座美丽的城市就是在塞纳河河的一些主要渡口上建立起来的，所以河流与城市的关系是紧密而不可分割且相互依赖的。

塞纳河是平原型的河流，常年处于满水状态，水位变化比较缓和，河水主要靠雨水补给。塞纳河的货运量为法国第一，主要港口有巴黎、鲁昂和勒阿弗尔。沿岸是法国经济发达区，有运河与莱茵河、卢瓦尔河等河流相互连接。

塞纳河流域地势相对平坦，从巴黎到河口 365 千米，坡降只有 24 米，因此水流平缓，有利于航行。整个流域降水量为 630～760 毫米，平均流量为 280 立方米/秒，夏季水位低，冬季水位高。河流上游建有几座水库，用来调节流量，但主要是为了下游城市的用水蓄水。塞纳河为巴黎居民提供着二分之一的用水，另外，勒阿弗尔和鲁昂的四分之三用水，也是来自于塞纳河。

在塞纳河的流程中，所流经的巴黎盆地为法国最富有的农业地区。塞纳河从盆地东南流向西北，到盆地中部平坦地区，流速慢慢减缓，最后形成了曲河，穿过巴黎市中心。在这段河流上有 30 多座精美的桥梁横跨于河上，两岸排列的高楼大厦，倒影在水中，景色十分美丽壮观。

公元 508 年，法兰克人科洛维定都巴黎，建立墨洛温王朝。从此，西岱岛就成为封建时代王权和宗教的中心。岛上最著名的宗教建筑是 1245 年建成的"巴黎圣母院"，它被认为是第一个哥特式建筑。教堂可容纳九千人，为宗教的活动中心。塞纳河右岸是巴黎市府，它与塞纳河上方的巴士底狱广场和河下方不远的协和广场一并称为法国革命和自由的象征。

◎塞纳河自然特征

塞纳河自发源地至巴黎，河流流经一连串年轻的沉积岩，填实构造盆地的同心地带，地带的中心就是紧紧环绕巴黎周围的法兰西岛的石灰岩台地。这一盆地的岩石都以巴黎为中心稍微有点倾斜，并且具有一系列表面向外而间接隔着有较窄的黏土溪谷的石灰岩马头丘。

在巴黎以下，塞纳河下

※ 塞纳河风景

游的河道，按照影响盆地北部的结构性虚弱线的走向，大致沿西北方向入海。英吉利海峡在盆地的北面，破坏了它的对称，也打破了同心地带的完整性。塞纳河盆地大多是由可渗透的岩石构成，岩石具有吸水能力，这一情况正好帮助缓解了洪水泛滥的危险。整个盆地的降水量适中，常年雨水分布均匀，仅是一些较高的南部和东部边缘地带都会有降雨雪。塞纳河是法国最具有规律性的大河，也是最天然的适航河流，该河流盆地的地势没有惊人的起伏不平，因此非常的适于航行。

◎河上名桥

塞纳河上的桥共有 36 座，每座桥的造型都有独特之处，其中最壮观最金碧辉煌的是亚历山大三世了，这座桥以其独一无二的钢结构桥拱，将香榭丽舍大街和荣军院广场连接起来。建此桥是为庆祝俄国与法国的结盟，大桥两端四只桥头柱上镀金的雕像，由长着翅膀的小爱神托着，它的华丽造型和色彩在巴黎特别醒目。

新桥是最有名的桥，桥长 230 多米，宽 20 米，是巴黎塞纳河上最长的桥。桥有 12 个拱，每个拱上塑了不知名壮士的头像。新桥横跨西岱岛，把河一分为二。在距离新桥的不远处，有一座专为行人而建的以金属为主体的艺术桥。桥上种植着花木，桥栏杆上还竖立着艺术家弗朗西斯·加佐的作品，有塞纳河上花园之称。如果站在艺术桥上，能看见桥北面的罗浮宫，桥南面的法兰西研究院，桥东是大法院，景色优美，实为壮观。

◎塞纳河名字的由来

塞纳河的河源在巴黎东南 275 千米处。在一片海拔 470 多米的石灰岩丘陵地带，一个狭窄山谷里有一条小溪，沿溪而上有一个山洞，这是一个人工建造起来的洞口，洞口不高，没有任何东西阻挡。洞里有一尊女神雕像，身着白色衣服，半躺半卧的姿态，手里捧着一个水瓶，神色安详、形态非常优美，恬静的小溪就是从这位女神的背后缓缓流出来的。显而易见，塞纳河是以泉水为源的。当地的高卢人传说，这位女神名塞纳，是一位降水女神，塞纳河就以她的名字为名。考古学家根据在此地出土的木制人判断，塞纳女神在公元前 5 世纪已降临人间。

关于塞纳河还有一种说法，在距河源不远的地方有个村镇，镇内有个小教堂，里面墙壁上图文并茂地记载：这里曾有个神父，天大旱，他向上帝求雨，上帝为神父的虔诚所感动，于是终于降雨人间，创造一条河流，以保永无旱灾。这个神父是布尔高尼人，其名字翻成法文即"塞纳"，于是这个村镇和教堂教名为"圣·塞涅"。河流也就有了名字"塞纳河"。

| 拓展思考 |

1. 塞纳河有哪些特征？
2. 塞纳河有哪些经济价值？

世界上的双层海——黑海

Shi Jie Shang De Shuang Ceng Hai——Hei Hai

黑海是欧洲东南部与亚洲之间的内陆海，形状类似于椭圆形，在中国和欧亚都有同名的海域。黑海面积约 40 多万平方千米，最长约为 1100 多千米，黑海主要是通过土耳奇海峡与地中海相连。因水色深谙、多风暴而得名。黑海冬季多风，大多数偏北大风。黑海西北部海区常常波涛汹涌，其景致十分壮观，是黑海的一大景观。

※ 黑海

知识链接

通过抽样调查，发现那里的海洋生物难以生存，是因为海水受到硫化氢的污染而缺乏氧气，而黑海在与地中海对流中，把自己的较淡的海水通过表层输给了"邻居"，换得的却是从深层流入的又咸又重的外来水，加上黑海海水的流速慢，上下层对流差，长年被污染的海域就成为了"死区"。

◎黑海生态状况

黑海是地球上唯一存在的双层海，上层的水面产大量鲟鱼、鲭鱼和鳀鱼，这是一个大面积缺氧的海洋系统。在二十世纪后期，由于多瑙河、第聂伯河与其他河流的注入，黑海的海水中带有工业以及城市废物，使海水的污染层增加，海中的鱼类逐渐减少。黑海较深，河流、

※ 黑海之滨

地中海流入的水含盐量比较小，因此较轻，浮在含盐度高的海水上。深水和浅水相互之间得不到交流，生存在深水的生物必会缺氧而死，在这种严重缺氧的环境下，只有厌氧的微生物可以继续存活。因被硫化氢污染，加上海水流速缓慢并且缺乏上下层间的对流，形成海水下层的"死区"，其他生物只能在 200 米深度以上的水里生存。

※ 黑海滩边

黑海是古地中海的一个残留海盆，在古新世纪末期小亚细亚半岛发生构造隆起之时黑海与地中海开始分隔开来，并逐渐与外海分离而形成了内陆海。

黑海是东欧各国海运的重要通道，也是欧洲各地区主要河流的出海口，包括第聂伯河、顿河、德涅斯特河以及发源于德意志帝国南部的多瑙河。黑海沿岸有俄罗斯的敖德萨、保加利亚的布尔戈斯、罗马尼亚的康斯坦察和土耳其的伊斯坦布尔等重要港口。

> **拓展思考**
>
> 1. 世界上最大的内陆海是哪个？
> 2. 什么是双层海？
> 3. 黑海是否是黑色的？

世界上最浅的海——亚速海

Shi Jie Shang Zui Qian De Hai——Ya Su Hai

亚速海为俄罗斯和乌克兰南部一个被克里木半岛与黑海隔离的内海，乌克兰独立以后，它成为俄乌两国的"公海"。

亚速海是一个陆间海，东部为俄罗斯，西部为克里米亚半岛，北部为乌克兰，主要的河流有顿河与库班河。

它是世界上最浅的海，平均深度只有 8 米，最深处也只有 14 米。拥有重要的渔场和油气田，其中记录的鱼类有 80 种，无脊椎动物有 300 种，但种类与数量都因污染与滥捕而逐渐减少。

亚速海的两条支流——顿河和库班河夹带大量泥沙，致其东北部塔甘罗格湾水深不过 1 米。这些大河的流入使海水盐分很低，在塔甘罗格湾处几乎全部是淡水。海底地形普遍平坦，西、北、东岸均为低地，其特征是漫长的沙洲，很浅的海湾，南岸大都是起伏的高地。

亚速海属温带大陆性气候，时而严寒，时而温和，经常有雾。亚速海冬季盛行偏北大风，凛冽的极地冷空气不断袭来，在黑海、尤其是西北部海区掀起汹涛巨浪，景象十分壮观，成为亚速海的一大特景。强冷空气还沿某些山口、隧道急速下泻，风速可达 20～40 米/秒，形成少有的强风，称为布拉风。

> **知识链接**
>
> 1988 年 9 月 20 日深夜，亚速海畔的苏联北高加索戈卢比茨卡娅村的居民被海中的隆隆声惊醒。只见离岸 300 米的海里，烟气滚滚，热浪逼人，一个外形如潜水艇的火山岛慢慢地从海里钻出了水面。据说，这个火山岛长近 40 米、高出水面 2.5 米，由黑黏土和花岗岩构成。

据观测，在 220 米以下水层中已无氧存在。在缺氧和有机质存在的情况下，经过特种细菌的作用，海水中的硫酸盐产生分解从而形成了硫化氢等，而硫化氢对鱼类有毒害，因而亚速海除边缘浅海区和海水上层有一些海生动植物外，深海区和海底几乎是一个死寂的世界。同时，硫化氢呈黑色，也使得深层海水呈现黑色。亚速海淡水的收入量大于海水的蒸发量，使亚速海海面高于地中海海面，盐度较小的亚速海海水就是从海峡表层流向地中海的，地中海中盐度较大的海水从海峡下层流入亚速海，由于海峡较浅，阻碍了流入亚速海的水量，使流入亚速海的水量小于从亚速海流出的水量，这维持着亚速海水量的动态平衡。

◎亚速海名字由来

有人认为亚速海的名字是来自于一位名为 Azum 或 Asuf 的钦察王子——他在 1067 年的一场城池保卫战中被杀，但多数学者认为是来自一座称为 Azov（又名 Azak）的城市，这词语在土耳其语是"低"的意思，旨在说明城市的地势，一译"阿速海"或"阿速夫海"。

拓展思考

1. 世界上最大的海是什么海？
2. 亚速海属于陆间海，它有哪些明显的特征？

世界上最小的海——马尔马拉海

Shi Jie Shang Zui Xiao De Hai——Ma Er Ma La Hai

马 尔马拉海位于亚洲小亚细亚半岛与欧洲的巴尔干半岛之间,为土耳其的内海,它是由欧亚大陆之间断层下陷而形成的内海。马尔马拉海是土耳其的内海,是亚洲与欧洲的分界线之一。东北经博斯普鲁斯海峡与黑海沟通,西南流经达达尼尔海峡与爱琴海相连。面积 10100 多平方千米,平均深度约 400 多米。

海中有两个群岛,克孜勒群岛在东北面,接近伊斯坦堡,此地区为旅游胜地;马尔马拉群岛在西南面,与卡珀达厄半岛相望。自古就开采大理石、花岗岩和石板,沿岸城镇均为兴旺的工农业中心,有一些地区为旅游胜地。

马尔马拉海东北端经博斯普鲁斯海峡通黑海,其余的被土耳其所包围,是黑海—地中海—大西洋的必经之地,也是欧、亚两洲的天然分界线,地理位置十分重要,历来是兵家必争之地,属黑海海峡。如果没有了马尔马拉海,黑海也就成了一个湖泊。

▶ 知识链接

> 马尔马拉海气候形成的原因主要是冬季受西风带控制,锋面气旋活动频繁;夏季受副热带高压带控制,气流下沉。在世界十多种气候类型中全年受气压带、风带交替控制的气候类型除了有马尔马拉海气候外,还有热带草原气候和热带沙漠气候。

马尔马拉海气候是唯一的除南极洲以外,世界各大洲都有的气候类型。马尔马拉海气候的分布地区中,以马尔马拉海沿岸最为明显,其他地区有北美洲的加利福尼亚沿海、南美洲的智利中部、非洲南端的好望角地区以及澳大利亚西南及东南沿海等。其分布区大多经济比较发达,同样也是世界热点地区。

由于马尔马拉海是一个较大的陆间海,冬暖多雨,夏热干燥,海水温度较高,蒸发作用非常旺盛,使海水含盐度高达 39‰ 左右,盐业生产成了沿岸各国的一项重要经济活动。这里的蒸发量远远的超过了降水量和河水的补给量,据计算,一年之内,蒸发可使海面降低 1.5 米,如果封闭直布罗陀海峡,马尔马拉海将在三千年左右干涸。但是,地中海依然存在,因为它有特殊的水体交换，由于海水温差的作用和与大西洋海水所含盐度的不同，地中海与大西洋的海水可能会发生有规律的交换。含盐分较低的大西洋海水，从直布罗陀海峡表层流入地中海，增补被蒸发水源，含盐分高的地中海海水下沉，从直布罗陀海峡下层流入大西洋，形成了海水的环流。但由于地中海四周几乎都是陆地的地理环境，给这种环流造成严重障碍，海洋生物赖以生存的氧气和养料的混合被严重阻隔，这也成为了马尔马拉海的生物比起其他靠大陆海区的生物要稀少的主要原因。

拓展思考

马尔马拉海属于哪个国家？

波罗的海

Bo Huo De Hai

波罗的海位于欧洲北部斯堪的纳维亚半岛与日德兰半岛以东的大西洋的陆内海，呈三岔形状，在斯堪的那维亚半岛与欧洲大陆之间，是世界上最大的半咸水水域，也是世界上盐度最低的海。长约 1600 多千米，面积约 42 万平方千米。波罗的海原是冰河时期结束时，斯堪的纳维亚冰原溶解所形成的一片汪洋的一部分，大水向北极退去，地面下陷部分积贮的水域形成了波罗的海。

※ 波罗的海

波罗的海位于温带海洋性气候向大陆性气候的过渡区，全年以西风为主，秋冬季常出现风暴，降水量较多，北部的年平均降水量约 500 毫米，南部则超过 600 毫米，有个别的海域可达 1000 毫米；地处中高纬度，蒸发较少；周围河川径流总量相当的丰富。

▶ 知识链接

波罗的海和北海的重要性同时也赋予了沟通这两大海域间诸海峡以巨大的战略价值。波罗的海和北海间诸海峡是波罗的海通向北海和大西洋的门户，重要的战略和军事意义使得诸海峡始终是各国企图控制的目标。它们是俄罗斯波罗的海舰队出入大西洋的唯一通道。而美国则将卡特加特海峡与卡特加特海峡列入了世界上必须控制的 16 条著名的海上要道之中。

◎波罗的海生态情况

波罗的海的动物数量丰富，但种类比较少，主要鱼类有：鳀鱼、里背鲱、比目鱼、鲑鱼、胡瓜鱼、白鱼等，还有从浅水获取食物的波罗的海海

豹等。波罗的海还有一定的矿产资源。

　　波罗的海是北欧重要航道，也是俄罗斯与欧洲贸易的重要通道，其航运意义非常的大，并且还是沿岸国家之间以及通往北海和北大西洋的重要水域。从彼得大帝时期起，波罗的海就是俄罗斯通往欧洲的重要出口，俄罗斯与伊朗、印度等国合作谋划连接印度洋和西欧的"南北走廊"规划也是以波罗的海为北部终点。

※ 波罗的海

　　波罗的海的许多区域由于严重缺氧，大量海底植物和动物死亡，大片海底已演化为"水下荒漠"。在波罗的海水面以下 5 下米的区域，几乎没有任何生命活动的迹象，含氧量数据几乎为零，而硫化氢、氮和磷的含量却是相当丰富。波罗的海水域的海水自行净化速度非常慢，假如这种状况进一步持续下去的话，此海域的生物就会有绝迹的可能。

| 拓展思考 |

1. 什么是半咸水域？
2. 为什么波罗的海很容易结冰？

世界上最大的湖——里海

Shi Jie Shang Zui Da De Hu——Li Hai

里海古代中亚人称宽田吉思海，现代地理学因为其属海迹湖，面积约30多万平方千米，相当于全世界湖泊总面积的40％，位置在亚洲与欧洲之间，所以称之为"里海"。

◎里海的概况

里海是世界上面积最大的湖泊，属内流湖、海迹湖、咸水湖。位于亚欧大陆腹部，南岸是伊朗，西岸是阿塞拜疆和俄罗斯，北岸以及东岸的北半段为哈萨克斯坦，东岸南段为土库曼斯坦。南北长1200千米，东西平均宽320千米，面积约30多万平方千米，里海南北狭长，湖的形状略似"S"型。

※ 里海

里海北部位于温带大陆性气候，中部及南部大部分海区属于温热带，西南部受副热带气候影响，东海岸沙漠气候为主，因此，形成了多变的气候。里海西部气候温和，而东部则为干燥的沙漠气候；南里海属夏季干燥的亚热带气候。冬季里海的天气不稳定，气温变化较大，平均气温，北部为－8℃～－10℃，南部为8℃～10℃。风向多变，而以东北风为主。

▶ 知识链接

　　上个世纪九十年代初，里海海面低于海平面27米。水位季节变化大，春夏高而冬季低。水位下降是由于气候变化减少了河流注入，增加了蒸发——窝瓦河上建设水库加重了这一情况——灌溉和工业对河水的消耗更加重了这种现象。水位上升与导致窝瓦河注入量增加的气候因素有关，该河若干年来的注入量一直远远高于平均值，海面降水增加和蒸发减少也促成这一现象。

里海生物资源丰富，水生动植物与海洋生物非常相似。鱼类主要有：鲑鱼、鲟鱼、银汗鱼等，也有海豹以及其他海兽在此生存。由于水位下降，条件最有利的鲟鱼产卵场长时期干涸，使鲟鱼数量大大的减少。目前已采取一些措施，试图改变这一状况。矿产资源主要有食盐和芒硝等。另外，石油和天然气也是里海流域地区最重要的资源，里海两岸以及湖底是石油最为丰富的产区。

※ 里海

里海地区航运业比较发达，通过伏尔加河及伏尔加—顿河等运河，实现了白海、波罗的海、里海、黑海、亚速海五海的通航。

| 拓展思考 |

1. 世界上最大的咸水湖是哪个？
2. 里海是湖是海？

"渔之都"——挪威海

"Yu Zhi Du" —— *Nuo Wei Hai*

挪威海是北冰洋南部的属海，它东北面与巴伦支海相接，西北面自冰岛和扬马延岛一线与格陵兰海相接，西南面沿冰岛、法罗群岛和设得兰群岛相连与大西洋相通，南面与北海连通。面积约为 130 多万平方千米，最大深度约 3450 米。

◎挪威海的资源

挪威海资源丰富，盛产白鲑、鳕、鲱等鱼类，此海域也是世界著名的渔场。另外，挪威海天然资源丰富，从 1993 年起开始大量出产原油以及天然气。

挪威是世界三大海产出口国之一。挪威的海产包括捕获于挪威海与巴伦支海的野生鱼类、贝类以及来自挪威沿海水域数百个海产养殖场的养殖鱼类。海产品是易消化蛋白质、维生素、矿物质和主要脂肪酸的良好来源，海产养殖已经成为挪威的主要产业之一。

在挪威海及格陵兰海，表面的海水下沉至 2～3 千米的海底，所以海底的水较冷且含氧量高。挪威西岸外海有一股海面暖流和一股海底寒流。挪威海东冰岛洋流把冷水带到南面的冰岛，然后沿着北极圈转向东流。挪威洋流是墨西哥湾流的分支，它把暖水团带向北方，使挪威的

※ 挪威海

气候保持温和及湿润。另外，挪威海也是北大西洋深层水的一个源头。挪威海有大西洋较暖且咸的洋流经过，因此，海面不会结冰。此海域渔产丰富，包括鳕鱼、鲱鱼、沙丁鱼及鳗鱼等。

挪威港口——特隆赫姆是斯堪的纳维亚最古老的城市之一，历史和传统延续了一千多年。公元前997年，维京国王使整个城市复苏，将其正式定名为"尼德罗斯"。特隆赫姆是海运枢纽，也是著名的大学城，有欧洲最大的科技研究中心，以及举世闻名的挪威科技大学。

※ 挪威海

◎挪威海污染事件

2007年1月13日，大型货轮"运送者"在12日晚间途经卑尔根附近水域时搁浅，180米长的船体遭巨大的海浪击打断裂成两截，估计该货轮上装载的燃油有约270吨外泄，在挪威海域附近海岸的油污迅速扩散，美丽的沙滩和当地鸟类的栖息地都受到了严重的污染。据挪威有关部门表示，这次燃油外漏是挪威史上后果最为严重的泄漏事件，外泄的燃油将对附近的自然环境产生非常严重的影响。

拓展思考

1. 世界四大渔场是哪些？
2. 四大渔场分别位于哪里？

北

美洲的河流湖泊

第四章

　　北美大陆的地形结构决定其主要分水岭略呈 H
形。西部的落基山是大陆最重要分水岭，北美洲的
大河几乎都是从这里发源的。分水岭以西的河流注
入太平洋，以东的注入北冰洋等。东部的阿巴拉契
亚山为第二个分水岭，它的高度和范围远远小于前
者，发源于这里的河流一般流程都不会太长，山地
以东的河流都注入了大西洋，以西的汇流于密西西
比河，注入墨西哥湾。

"河流之父"——密西西比河

"He Liu Zhi Fu" ------ Mi Xi Xi Bi He

密西西比河发源于美国西部偏北的落基山北段的群山峻岭之中，向南流经中部平原，注入墨西哥湾。密西西比河是美国最大的河流，也是北美洲流程最长、流域面积最广、水量最大的河流。总长度为 6000 多千米，面积约为 320 多万平方千米。

◎密西西比河名字来由及概况

密西西比河的名称起源于居住在美国北部威斯康星州的阿尔贡金人，阿尔贡金人是当地印第安人的一支，他们把这条河流的上游叫做"密西西比"。在印第安语中，"密西"意为"大"，"西比"意为"河"，"密西西比"就是"大河"或者"河流之父"的意思。

※ 密西西比河

▶ 知识链接

美国最大的海港新奥尔良位于密西西比河三角洲上，主要承担大宗货物以及中转到世界各地的物资，共有深水岸线 380 千米，每天有近百艘来自世界各地的船只进进出出。目前成为仅次于荷兰鹿特丹港的世界第二大海港。

密西西比河为北美洲河流之首，与其主要支流加在一起按流域面积计为世界第三大水系。密西西比河两岸地形低矮，湖泊密布，是连接美国内地与东北部的通道。泥沙不断在河口堆积，自 1898 年以来，河口三角洲平均每年向海延伸 30 米，形成宽约 300 千米，面积达 37000 平方千米的三角洲。三角洲地区地势低平，河堤两岸多沼泽、洼地，河口分成六个叉流向外伸展，其形状好象鸟足，又有着"鸟足三角洲"之称。

　　密西西比河主要鱼类有：鼓眼鱼、亚口鱼、鲤鱼、欧洲腭针鱼等。两岸栖息的鸟类有黑额雁和小雪雁，大量的绿头鸭和水鸭，还有黑鸭、赤颈鸭、针尾鸭、环颈鸭以及蹼鸡等。

　　2010 年 9 月，美国路易斯安那州的一片靠近墨西哥湾的水成了"死鱼之海"，不计其数的各种死鱼、螃蟹和海鳗的尸体把水面盖得严严实实。当地电视台记者在这片位于密西西比河入海口的水域中还发现了一头鲸鱼的尸休。

※ 密西西比河

　　密西西比河是世界上航运事业最发达的河流。密西西比河的航运始于十八世纪初，十九世纪开始对干流下游、上游密西西比河以及俄亥俄河下游的航道进行了整治，其措施除一般的航道疏浚外，还包括设有船闸的旁侧运河，从而绕过了急滩。二十世纪初开始在河道上修建通航闸坝，以渠化航道。

拓展思考

1. 密西西比河是世界第几长河？
2. 世界三大河流是哪些？分别属于哪几个大洲？

哥伦比亚河

Ge Lun Bi Ya He

哥伦比亚河是北美洲西部的一条大河，它源于加拿大落基山脉西坡的哥伦比亚湖，向西南流经美国西北部半干旱地区，穿越整个喀斯喀特山脉，在阿斯托里亚处注入太平洋。全长 1900 多千米，流域面积 67 多平方千米。主要支流包括库特内河、庞多雷河、奥卡诺根河、斯内克河、亚克莫河、考利茨河以及威拉米特河。

◎哥伦比亚河简介

哥伦比亚河是北美洲西部的大河之一，河流补给主要是来自高山融雪，部分靠冬季降水。河流水量较大，河口年平均流量为 7860 立方米/秒。水位季节性变化较小，河流大部分地区流经深谷，河床比较大，多数都是急流瀑布，落差 820 米，水力储量达 4000～5000 万千瓦，哥伦比亚河是世界水力资源最丰富的河流之一。

哥伦比亚河的排水量仅次于密西西比河、圣劳伦斯河和马更些河，同时它还是世界最大的水电资源之一，加上其他支流占美国水力资源的三分之一。

哥伦比亚河流有很多支流，其中斯内克河为最大的一个支流，全长 1600 多千米，流域面积 20 多万平方千米。斯内克河源于美国怀俄明州西北黄石国家公园西南角，南流经大特顿国家公园中的杰克逊湖，然后向西流经爱达荷州。这段河流多陡峭的峡岸和急流险滩，其中有亚美利加瀑布、特温瀑布以及惊险的肖肖尼瀑布。肖肖尼瀑布从宽达 275 米的马蹄形岩盘上突然下跌 64 米，景色实为奇观。这里春夏高山冰雪融解时水量最大，冬季水量较小。干、支流可通航约 1000 千米，大洋海轮可直达河口以上 150 千米的波特兰。另外，干支流处还建有多座大小水坝，用于灌溉和发电，其中大古力水电站就是美国规模最大的一个水电站。哥伦比亚河泥沙含量较小，是其流域内重要的工农业水源。

哥伦比亚河流域从西向东依次是海岸山脉、卡斯卡特山脉和落基山脉，全部是以南北向穿过该流域，因此组成了科迪勒拉山系。山脉之间分布有河谷、高原和盆地，其中位于流域东部的落基山脉，绵长宽阔，海拔

※ 哥伦比亚河风光

一般在 2000～3000 米，是北美洲最主要的山脉。

▶知识链接

　　哥伦比亚河的洪水历时较长，而且比较有规律，一般都在 5、6、7 三个月，其中以 6 月最大。综合利用水库在汛期前留出防洪库容，汛末蓄满，可将防洪和兴利很好地结合。哥伦比亚河的防洪标准，按历史最大洪水，即 1894 年发生的 35000 立方米/秒考虑。上游干支流水库拦洪调节后，下游约翰迪水库再专留防洪库容 24.7 亿立方米，可使最大流量降至 22000 立方米/秒，配合下游地区的堤防，足以满足防洪的要求。

◎河流气候状况

　　西北太平洋区每年雨量集中在冬季几个月，因为受高山阻隔，除北部沿海降水较多以外，其余的降水量多在 500 毫米以下，山间一些高原盆地的年降水量更是不及 300 毫米，气候相当干燥。

　　该河流域内的大部分大气降水以雪的形式降落到山区，冰雪融水源源不断地流入哥伦比亚河。通常流域内各支流冬季水量较少，春季水量较大。但在沿海盆地，水文条件却有着许多不相同之处，这里冬季雨量集

中，常可引起骤发洪水；而夏季几个月，水量显著减少，河水又降到最低水位。

接受降雪的哥伦比亚河，水量的充足与干枯季差别相当大，如大古力水电站坝址处平均年水量 962 亿立方米，最丰年达 1347 亿立方米，最枯年仅 666 亿立方米，丰枯年水量相差一倍。这里年内径流分布非常不均匀，通常汛期 4～7 月内的水量约占全年水量的 68％。尽管夏季会出现汛期，但是由于南方各支流受到融雪补给，比北方诸支流汛期较早发生，所以流量较为均匀。哥伦比亚河的一个重要特点是含沙量低，筑坝后水库不易淤积。

◎大河流域内的水电站

由于哥伦比亚河含沙量低的重要特点，使水坝的建筑更加盛行。美国联邦机构早在上世纪三十年代开始，就曾经在哥伦比亚河流上修建了二十九座主要的水坝。联邦修建的这些水坝，不但提供了对洪水的控制、灌溉、鱼类洄游、鱼类和野生物种的栖息，而且还具有发电、航运和娱乐等综合功能。

这些大型水电站的修建，在客观上促进了纵横交错的超高压与特高压输电线路的建设，推动了美国西部电网的发展以及与其他电网的联网，同时在另一方面也方便了非联邦机构修建其余的中小型水坝。美国西北地区的水电系统是世界上最大的水电系统之一，其水电开发、水电布局和水电调度都引人瞩目，并且对人类有相当大的贡献。

拓展思考

1. 哥伦比亚河有哪些特征？
2. 哥伦比亚河属于内流河还是外流河？它有哪些价值？

地球上的江河海洋

科罗拉多河

Ke Luo La Duo He

科罗拉多河为美国西部的生命之河，它的水资源促进了整个西部城市的灌溉、发电等经济事业的快速发展。科罗拉多河是北美洲西部一条主要的河流，它发源于美国科罗拉多州中北部的南落基山脉中的弗兰特岭西坡，向西南流经犹他、亚利桑那、内华达、加利福尼亚等州以及墨西哥西北端，最终注入加利福尼亚湾。

◎科罗拉多河简介

科罗拉多河全长约为 2333 千米，其中有 145 千米的长度在墨西哥境内，流域面积约为 60 多万平方千米，流经七个州——怀俄明州、科罗拉多州、犹他州、新墨西哥州、内华达州、亚利桑那州和加利福尼亚州。其中，有 27 千米的河道构成了美国亚利桑那州与墨西哥之间的国界。该河流经北美洲辽阔的干旱和半干旱地区，经过大力的开发，有着"西南部的生命线"之称。

科罗拉多河河流上游因受落基山区海拔以及地形的影响，气候变化较大，最低气温－46.7℃，最高气温达 42.8℃，年均降水量为 200～500 毫米。一年中有秋冬春三个季节降水量多为降雪，春末夏初当气温升高时，积雪迅速融化，进而使其河道流量大增，因此，上游资源丰富。

河流中、下游地区大部分属干旱、半干旱气候，支流较少，并且水量也在逐渐地减少。河谷不易展宽，形成了许多峡谷地形，其中最为著名的是科罗拉多大峡谷，该峡谷东起小科罗拉多河入汇处，西至内华达州界附近的格兰德瓦什岸，全长 350 千米，最大深度 1700 多米。科罗拉多河下游地势多低洼，有山脉、盆地、沙漠等。

另外，河流含沙量很高，河水混浊，呈暗褐色。每年泥沙入海量达到 1.63 亿吨，河口不断向前推进，因此，该河口处形成了面积 8600 平方千米的三角洲。

除此之外，河流比降很大，从河源到河口总落差 3500 多米，形成了一系列的深邃峡谷，其中最著名的是科罗拉多大峡谷。二十世纪以来，在科罗拉多河先后兴建起了众多大坝和水库，以及调水、水电工程，灌溉流

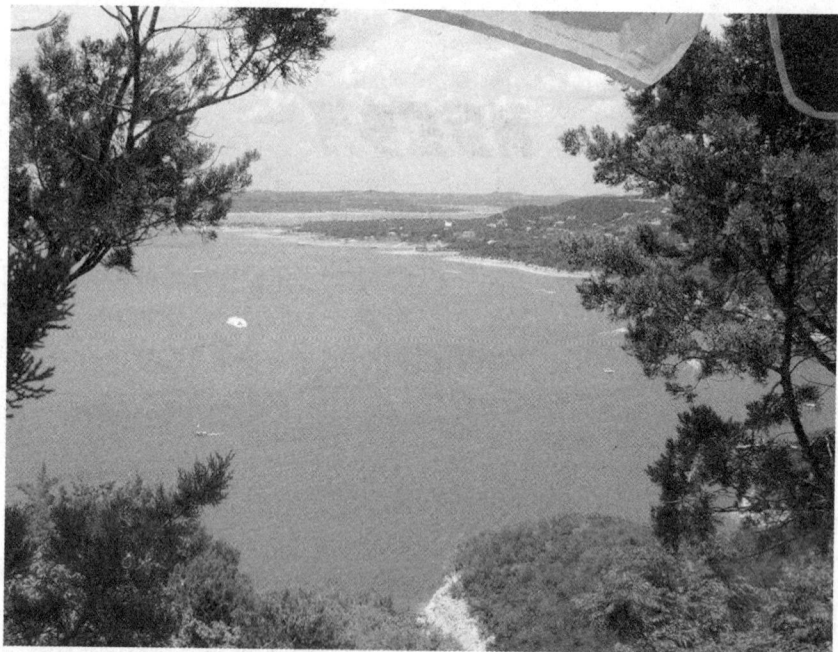

※ 科罗拉多河风景

域内外约5000万亩农田。此外，还向加利福尼亚州南部20个城市提供水源。科罗拉多河流域生态环境壮观，各种鸟类在河流上空飞翔，各种动物集中在河岸休息，野生动物们为这条河增添了不少活力。

▶ 知识链接

　　通过多年的开发和综合治理，从大体上基本上控制住了洪水和泥沙，同时也控制住了水污染与土地盐碱化。目前，美国在进一步加强科罗拉多河本身已建工程的科学经营管理的同时，还努力发展节水灌溉技术和城市及工业节水技术，不断调节沿河各段用水，以缓解需水量超过河流及工程供水能力的矛盾。

◎美国开发最早的河流

　　科罗拉多河是美国最早进行水资源开发的河流。第一座大坝的建成是1936年胡佛大坝的完工，它的诞生代表着河流大规模开发的开始。此后又有很多水利工程和调水工程投入运行，使得河流水资源得到了充分的利用，有近百分之八十的水资源用于农业灌溉，灌溉了七个州的土地。

　　由于科罗拉多州的满科斯页岩风化层隆起外露并且还含有大量盐碱，当河水反复地被引来灌溉，灌区土壤中大量盐类被河水溶解后又排入河

中。使河水含盐量不断增加，使得被浇灌的土地盐碱化，给流域内的工农业以及生活用水带来巨大危害和经济损失，含盐量高的水用于灌溉，排水管道受到腐蚀，作物组成被迫改变，导致作物减产。为了解决这一问题，1974年，美国启动了盐碱控制计划，并且还采取了相应措施。

从法律和水文意义而言，过去的科罗拉多河是世界上最好调控的河流，而如今却不是如此。一个世纪以前，每年约有250亿立方米的水流进加利福尼亚湾。1922年，就在大坝建设的前夕，律师们把科罗拉多河的水进行了分配，但自分水协议签订以来，河川径流就一直在减少，年均径流量只有160亿立方米。

◎河流面临的水质问题

目前，科罗拉多河的水质恶化已成为一个国际性问题，遭受严重影响的是位于河流最下游的墨西哥，含盐量在国境线处从年平均800毫克/升猛增至1500毫克/升，致使墨西哥灌溉地区的农作物枯死。过去上游多余的水下泄，利于稀释咸水，但近二十多年来，由于上游水库的拦截，墨西哥境内科罗拉多河水量大大减少。

| 拓展思考 |

1. 科罗拉多河气候有哪些特征？
2. 科罗拉多河受污的原因有哪些？

马更些河

Ma Geng Xie He

马更些河源于加拿大落基山脉东麓，向西北流，最终注入北冰洋波弗特海。总长度约 4200 多千米，面积约 180 多万平方千米。

马更些河流域的绝大部分在北美洲大平原范围内，属于北美中央平原的北部。

从地质发育来看，马更些河干流东西部在水系发育程度上有着比较显著的差异：东部地势低，受第四纪大陆冰川影响，水系尚未充分发育，但有水道与阿萨巴斯卡湖、大奴湖、大熊湖等连通；西部发源于落基山脉的支流，相对较成熟，水源的补给是以冰雪融水为主。

※ 马更些河

马更些河水系大部分地处高纬度地带，全年冰冻期达五个月以上，但它把偏远的加拿大北部与南部地区联系了起来，特别是在运出大熊湖、大奴湖一带的矿产品方面起着很重要的作用。

主要降水集中在夏季，而在冬季降雪并不多。整个地区属于严冬气候，资源很少，使加拿大南部各水系难以进入。它还是世界上少数未受损害的大面积地区之一，有着各种野生动物和秀丽的景色。

由于马更些河有几个大湖泊供给水源，水量相当的丰富。马更些河流域主要出产鲑鱼、白鱼、湖鳟等鱼类和麝鼠、猞猁、貂、海狸等毛皮兽。当地印第安人多以渔猎为生，皮货贸易在早期经济中曾经起到了重要作用。水力和森林资源丰富，但是，尚未充分开发利用。主要矿产资源有下游和三角洲地区的石油，大熊湖和阿

※ 马更些河风景

萨巴斯卡湖区的镭、铀、大奴湖区的铅、锌、金。马更些河流域人口稀少，自然资源很少，与加拿大南部相比，其资源不易开采利用，十九世纪吸引人们到这里来的资源是兽毛皮。虽然流域内各森林中仍有捕猎，毛皮目前在本地区经济中只占很少比例。该河流域南部森林在与平河地区局部用作木材和纸浆，小型针叶树有制造成纸浆的价值。

拓展思考

1. 马更些河是北美洲第几长河？
2. 马更些河属于哪个国家？是该国家的第几长河？

资源丰富的育空河

Zi Yuan Feng Fu De Yu Kong He

育空河是北美洲大河之一，它发源于加拿大育空地区与不列颠哥伦比亚省交界之处，先往西北流，然后是西南走向流过一个向下倾斜穿过阿拉斯加的地势较低的高原，最后注入白令海峡诺顿湾。总长度为3100多千米，面积约85万平方千米。由于育空河的地理位置偏北，气候严寒，一年中有九个月封冻，降低了其航运价值，下游河口有丰富的渔业资源。流域内自然资源也很丰富，以森林、金矿、银矿著名。

※ 育空河

▶ 知识链接

　　育空地区主要经济支柱产业包括旅游、矿业、石油、天然气、建筑等产业，2004年该地区国内生产总值约14亿加元。近年来，育空地区经济保持较好的增长势头，建筑业持续兴旺、资源矿产业投资增加、旅游等行业的不断发展，2007年在白马市举办的加拿大全国冬运会，成为刺激经济增长的主要动力。

育空河水量充沛，河网密布并且支流众多，其中在加拿大境内汇入育空河的支流有特斯林河、大萨蒙河、塞尔扣克堡河、佩利河、怀特河、斯图尔特河、六十英里河、克朗代克河。育空河沿程有各种地形，河源区有高山峡谷，也有湖泊。

在育空河森林地区栖息着许多种类的动物，较大的哺乳动物有黑熊、棕熊和灰熊，北美驯鹿、鹿和驼鹿，在海拔较高处有山羊和绵羊，还可见到松鸡和雷鸟等允许捕猎的鸟，水禽有多种类的鹅、天鹅以及鸭。印第安人常常设陷阱捕捉的毛皮兽有麝鼠、水貂、貂、猞猁、狐狸、渔貂和松鼠。在育空河中并且还可以发现北极茴鱼、江鳕、北美狗鱼、鲑和白鲑等。

采矿业是育空地区最具潜力的产业，育空地区拥有储量丰富、品位较高且尚未进行大规模商业开采的各种矿产品。育空地区的采矿业始于十九世纪中期，当时发现了金、铜、银、锌、铅、石棉、铬等矿物，并且有了少量的开采。近年来，不断勘探还发现煤、重晶石、铁矿砂、铂、镍、钼、宝石、石油和天然气等矿物资源。

※ 育空河

拓展思考

1. 育空河属于哪个国家？
2. 你还了解北美洲有哪些著名河流？

圣劳伦斯河

Sheng Lao Lun Si He

圣劳伦斯河是北美洲中东部的大水系，是一条国际性的大河流，它源于美国，流经加拿大，最后注入大西洋的圣劳伦斯湾，全长 1200 多千米。圣劳伦斯河连接了美国明尼苏达州圣路易河的源头和加拿大东端通往大西洋的卡伯特海峡，流经北美内陆约 4000 千米的路程。它的存在，无论从地理上还是经济上对于美国和加拿大来说，都有着极为重要的作用。

◎圣劳伦斯河简介

圣劳伦斯河是北美洲东部大河，五大湖的出水道。它的上游位于美国明尼苏达州的圣路易斯河，下游是在加拿大的东部边陲，以卡伯特海峡为河口，注入大西洋的圣劳伦斯湾，全长 1200 千米，流域面积约 30 万平方千米。

圣劳伦斯河是一个具有实质意义上的巨大水道系统，它的整个水道系统可分为三大段：上游、中游与下游。其中，从安大略湖口到蒙特利尔为河流的上游，长约 300 千米，前三分之二的河段构成了加、美两国的边界。这段河流因河床基岩凸露，也形成了许多小岛，被称为千岛河段。另外，上游河段有许多的浅滩，水流湍急，水力资源丰富。一般河宽约 2000 米，尤其局部河段面积更宽，形成了圣弗朗西斯湖等湖泊，途中还接纳了最大支流渥太华河。

自蒙特利尔到魁北克以下的奥尔良岛为圣劳伦斯河流的中游，长 256 千米，河宽同上游，但水深增加，水位和流量比较稳定，且幅度不大。河流落差 6 米，流速减缓，多河中岛，冬季有冰冻现象，曾因冰凌堵塞而发生过水灾。

河流下游是魁北克以下的段落，长 700 多千米。河面展宽，水深继续增至 10～30 米，流速更缓。河口处经人工整治，修建了一系列拦河坝、水库、水道和船闸，形成了一条 8 米左右深的航道，在这里海轮可从河口上溯到加拿大内地和美国中西部港口。

知识链接

在河道系统的上游和下游，在河水的深处与表层，在河岸边沿与河道中心，动植物的分布有一些明显的差异。全河上下的一个突出现象是成群迁徙的鸭、鹬和鹅，沙滨与河岸是它们随季节迁徙的觅食之处。除此之外，这里大片片区域是由落叶林、混合林、针叶林和开阔的泰加群落组成，这拉近了与河流之间的关系。

◎圣劳伦斯河知识概括

在气候与水文方面，圣劳伦斯水系整体包括几个地带。自水系的上游部分至下游流动中，一些相关的北方特点逐渐消失。从注入苏必略湖的北方溪流降到伊利湖的路线上，由亚极地气候演变为比较温和的南方型气候。与此相反，水系的东半部，即从伊利湖西端到圣劳伦斯河口湾北岸的气候，又逐渐恢复到了亚极地气候带。

这种现象划分基本突出了河流中段水文的地区对比。例

※ 壮观的圣劳伦斯河

如，伊利湖夏季水大量蒸发掉，流入圣劳伦斯河水湾的水会受到降雪的严重影响。

圣劳伦斯河河流来源属于雨雪补给型，另外，它有着五大湖泊的调节，再加以流域内降水季节的分配均匀，使得该水系水量丰沛并且稳定。河口年平均流量为 1054 立方米/秒，流量年变幅仅百分之七十左右，含沙量较小。受湖水影响的河流还具备着比较明显的规律性，如蒙特列大部分河水就来自五大湖，河流规律性明显，在河口湾的入口处，高潮进入的海水量却比以低潮往下流的河水量大得多。圣劳伦斯水系在性质上是海洋性的，而不是湖泊性的。另外，水温的季节差异较大也反映了这些地区的基本水文的特点。

◎圣劳伦斯河的经济作用

圣劳伦斯河在国际上具有很重要的地理、经济作用，它不仅是连接美、加两国的国际航道，而且通过远洋航线还可以与西欧以及世界各地连

接起来。古代冰川消蚀，河道由入海口形成，这在世界各大河中是独一无二的。五大湖圣劳伦斯河谷地区则是加、美两国人口和城市集中、工农业发达的地区，深水航道的开辟更是为其提供了巨大的货运动脉，具有重要的经济意义。

圣劳伦斯河方便了各大货物的运输，改变了经济源头，比如在航道开通前，加拿大是美国铁矿的进口国，而之后却把铁矿作为位居第二的大宗商品向美国出口。谷物的运输量也较大，从加拿大大草原和美国中西部的农场用轮船通过此航道运输从而节省许多花费。第三种大宗航运商品是煤，它主要从美国的煤矿启运，通过韦兰运河到达加拿大的钢厂和发电厂。

这些航运价值使五大湖圣劳伦斯水系成了世界上最繁忙的国际贸易路线之一。每年通过这里的货物吨数约四千万吨，航道也发挥了它最大的作用。

◎河畔的美丽奇景

圣劳伦斯河不仅具有重要的经济作用，它独特优美的景色也可称是世界的自然奇观。如河段落中的尼加拉大瀑布，瀑布下游，承接了来自安大略湖的水系，形成圣劳伦斯河的上段，在这段河流上，由于河床地形复杂，嶙峋起伏，形成了许许多多的小岛，造就了圣劳伦斯河奇特而美丽的景观——千岛胜景。

千岛河段上大大小小的岛屿，星罗棋布，千姿百态，岛上绿树成荫，远看像一颗颗璀璨的绿宝石嵌在了蔚蓝色的河段上，岛上的建筑物风格不同，独具特色，有中世纪城堡式的庄园，有精致的花园别墅，有现代风格的度假村，还有如"漂浮"在水面上的房子，美丽且极为壮观。

私家游艇是这里游玩赏景的主要交通工具，也更是那些富豪们身份与地位的代表。水上的快艇争相穿梭，被激起的一道道白色的浪花，就像是一条条花纹，非常好看。千岛里有两个岛是观赏的热点，它们一大一小，相距仅8米左右，两岛之间有一座小桥相连着，在靠近大岛一端的桥梁上，绘有加拿大的国旗，而小岛则属于美国领土。而这座长仅8米的小桥，也就光荣地成为了世界上跨越国界距离最短的桥梁。

拓展思考
1. 圣劳伦斯河有哪些航运价值？
2. 圣劳伦斯河的气候特征有哪些？

巴拿马运河

Ba Na Ma Yun He

"巴拿马"一词来自印第安语，意思是"蝴蝶之国"。十六世纪初，哥伦布在巴拿马沿海登陆以后，这里有着成群飞舞的彩色蝴蝶。于是，他使用当地印第安人的语言，将这个地方命名为"巴拿马"。巴拿马运河是一条从大西洋的利蒙湾通向太平洋巴拿马湾的巨大河流，全长80多千米，最宽处有300多米，最窄处也有90多米，是世界上最大的运河之一，有"世界的桥梁"的美称。

◎巴拿马运河的历史背景

在遥远的殖民时代，巴拿马地峡是连接太平洋与西班牙宗主国的重要交通枢纽，每年一度的波托弗洛交易会招引来了欧洲各大商行的代理商，在这里，成吨的秘鲁白银与欧洲货物进行着有利的交易，巴拿马也因此变得日益繁荣。然而，这并没有改变它一直以来的地位。

十八世纪，巴拿马是西班牙的领地，十九世纪则成为新兴的哥伦比亚共和国的一个省，也许是那个时候，人们发现了这座城市的存在价值。随着商业的兴盛，人们对航运提出了更高的要求，他们发现如果在狭长的巴拿马地峡开凿一条运河，沟通两大洋，将会是另一番景象。

早在1523年，西班牙国王查理一世就曾明确提出了开凿一条中美洲运河的主张。1534年，西班牙国王卡洛斯一世下令对巴拿马地峡进行探测，并做好了开凿运河的准备，后来又经过一些变动、侦察，开通运河的提议又被提了出来。人们看到，在经济上开凿运河的好处不言而喻，随着大西洋和太平洋之间往来的日益频繁，一条更为便捷的航路显然会带来很多好处。最终下令开凿巴拿马运河的是美国第二十六任总统西奥多·罗斯福林，这是他任内的主要功绩。

▶知识链接

巴拿马运河在近代半个多世纪以来，也曾发生过一些灾难，因为它面临着一个强大的敌人，那就是美国。巴拿马运河对美国来说，无论从经济利益，还是从军事价值来说都十分重要，它被称为美国的"地峡生命线"。因此，美国人一直将巴拿马运河的主权控制在自己的手中。

◎重要的"世界桥梁"

巴拿马运河位于美国中部的巴拿马地峡，东边靠着大西洋，西边与太平洋相接，连接了南、北美两个大陆。这里地势十分狭窄，再加上巴拿马运河起到了沟通太平洋和大西洋航运的作用，所以它被称为"世界的桥梁"。不仅如此，巴拿马运河的独特地理位置，还使得它成为了南、北美洲的天然分界线。

巴拿马运河与苏伊士运河一样，巴拿马运河的开通也是建立在巴拿马人民的血肉和泪汗上，它记载了巴拿马人民的辛酸，同样也记载了帝国主义的掠夺和侵略，它就像是一条阅尽了历史沧桑的大运河。巴拿马运河于1904年开工，历经十年之久，1914年8月15日完工，耗资387000美元。据说，开凿运河时，瘟疫流行，再加上沿岸山地较多，湿气很大，劳动条件十分恶劣，使许多的巴拿马人丧命。

巴拿马运河是一条重要的国际航道，它的通航使太平洋到大西洋的航程缩短了1万多千米，在很大程度上方便了拉丁美洲东海岸与西海岸以及与亚洲、大洋洲之间的联系，具有重要的经济和战略意义。巴拿马运河的国际航道地位也显现出了它的通航容量，据统计，每年通过这里的船只有15000多艘，重量总吨位在1.5亿吨以上。货运量占世界海上货运量的百分之五，世界上约有六十多个国家和地区在使用这条运河。运河区的劳务收入和船只通行税，也是巴拿马经济的重要支柱之一。

◎巴拿马运河的流程

巴拿马运河是复线水闸式，船只通过运河需经过三个水闸，每个水闸宽为34米，长为300多米。历史记录上通过运河最长的船只为296米，横弦最宽为33米，吨位最重达到61000多吨。

船只之后再经佩德罗—米格尔船闸、米拉弗洛雷斯湖小段航道以及由两座船闸组成的米拉弗洛雷斯水闸，这时水位又降到海平面，到达巴尔博亚，路程最后一道是巴拿马湾深水航道。船只所经过的6座船闸，都是双道对开闸门结构，这样也可方便来往船只同时对开过往。

拓展思考

1. 世界上还有哪些著名的运河？
2. 运河在航运中起到了什么样的作用？

北美洲最大的湖——苏必利尔湖

Bei Mei Zhou Zui Da De Hu——Su Bi Li Er Hu

苏必利尔湖是世界面积最大的淡水湖，北美洲五大湖之一，苏必利尔湖与伊利湖一样属美国和加拿大共有。东西长 600 多千米，南北最宽处 200 多千米，面积 80000 多平方千米，湖岸线长 3000 千米，平均深度 140 多米，最大深度 400 多米，蓄水量 12000 多立方千米，占据北美洲五大湖总蓄水量的一半以上。

湖区气候冬冷夏凉，多雾天气，风力强盛，湖面波浪较多。水面季节变幅为 40～60 厘米，冬季水位偏低，夏季较高。然而湖的水温较低，夏季中部水面温度一般不超过 4℃。冬季湖岸带封冰，全年可航期一般约六至七个月。另外，苏必利尔湖的湖水相当的纯净。

苏必利尔湖湖盆主要由冰川腐蚀而成。第四纪冰期时，苏必利尔湖地区接近拉布拉多和基瓦丁大陆冰川中心，冰盖厚 2400 米，侵蚀力极强，原有低洼谷地的软弱岩层受到冰川的腐蚀，逐渐扩大成了今日的湖盆。当大陆冰川后退时，冰水聚积于冰蚀洼地中，也就形成苏必利尔湖的水面。

▶ 知识链接

　　苏必利尔湖北岸的历史，可以追溯到相当久远的年代。在地质年代的早期，岩浆涌出地表而形成由花岗岩组成的加拿大地盾。这些古老的花岗遥感影像岩现在还可以在湖的北岸观察到。

苏必利尔湖以季节性渔猎和旅游为当地娱乐业主要项目，湖区为毛皮兽产地。蕴藏有多种矿物，如铁、银、镍、铜丰富矿产资源，其中主要有梅萨比的铁、桑德贝的银以及湖泊北面的镍和南面的铜等。主要湖港有美国的德卢斯和加拿大的桑德贝等，有很多天然港湾和人工港口，主要港口分别有德卢斯、苏圣玛丽、桑德贝等。

湖的北岸岸线曲折，多湖湾，背靠高峻的悬崖峭壁；南岸多低沙滩。苏必利尔湖可纳约 200 条小支流，其中较大的支流是尼皮贡河和圣路易斯河等，多部分是从北岸和西岸注入，流域面积 12 万多平方千米。湖水经圣玛丽斯河流入休伦湖，两湖落差约 6 米，水流湍急。建有苏圣玛丽运河，因此可以绕过急流，畅通两湖间的航运。

2006 年 9 月 2 日，美国媒体报道：在 1953 年 11 月 23 日，美国威斯

※ 苏必利尔湖风景

康星州特路亚克斯空军基地一架 F－89"蝎子"战斗机在追踪一架神秘 UFO 时离奇失踪。然而最近，北美五大湖潜水公司的潜水员和工程师使用声纳探测美加边境的苏必利尔湖时，震惊地发现那架失踪的美军战斗机正躺在苏必利尔湖的湖底。

| 拓展思考 |

1. 世界上最大的咸水湖是哪个？
2. 北美洲的五大湖分别是哪几个湖泊？

白令海

Bai Ling Hai

白令海位于太平洋的最北边，它属于边缘海，位于亚洲和北美洲之间，海域呈三角形，面积约为 200 多万平方千米，平均水深约为 1600 多米，最深水域为 4000 多米，并经白令海峡连接北极海。

白令海海底地形可分为两部分，分别是浅水区和深水区：分布在东北部的是浅水区，为陆架区，西南部为深水区。海底沉积物主要是由陆源物质组成，沉积物的分布随地形的不同而不同，陆架多砂砾，并且有较多的粉砂，深海盆主要为黏土质的硅质软泥，南部海区多含有火山物质。

白令海风暴频繁，海面多浮冰，是世界上航海最艰难的海区之一。终年寒冷，年平均气温南部为 2℃～4℃，北部为 −8℃ 左右，最低温度在 −42℃ 左右，南部年降水量可达 1600 毫米以上，主要以降雨为主。北部降雨仅有 240 毫米，主要以降雪天气为主，此海域每月将有一半的时间为暴风雪天气。

※ 白令海峡风光

> **知识链接**
>
> 白令海是世界上第三大边缘海，仅次于巴伦支海和南中国海。作为北冰洋的"门户"，白令海是太平洋水进入北冰洋的必经之路，与北冰洋有密不可分的关系。但是，这种关系的基础不仅仅是"借路"，白令海在海洋动力学上是非常独特的海。

白令海有着丰富的水产和矿产资源，春季和秋季是浮游生物最旺盛的生长季节，并且也是构成食物链的基础。白令海鱼类很多，据统计有 300 多种，其中重要的经济鱼类有：比目鱼、鳕鱼、鲽鱼、鲑鱼、鲱鱼、鲈鱼等，此外还有众多鲸类：虎鲸、白鲸、长须鲸、巨臂鲸、喙鲸、抹香鲸等种类。白令海北部陆架的石油和天然气，海底的金矿和锡矿都非常丰富，海洋中蕴藏的宝藏等待着人们去开发。

※ 白令海

◎白令海名字的由来

  白令海是太平洋最北部的边缘海。1778 年间，由丹麦航海家维图斯·白令的名字命名而来。1725～1728 年，维图斯·白令在俄国服役期间，在俄国彼得大帝的命令下，曾两次到海区探测亚洲和美洲是否相连。第二次出航，白令带领 30 名探测队员来到美洲，在返航时，所乘"圣彼得号"船不幸触礁沉没，白令和探测队员全部遇难。1778 年，英国库克探险队的队员福斯来到此海区考察，并正式以"白令"的名字为此海命名。

| 拓展思考 |

1. 亚洲最大的海是哪个？
2. 白令海水源主要来自哪里？
3. 为什么说白令海是世界上航海最艰难的海区之一？

南

美洲及大洋洲的江河海洋

NANMEIZHOUJIDAYANGZHOUDEJIANG

HEHAIYANG

第五章

在地形结构、气候等因素直接影响下，南美洲河网分布首先突出表现为东西之间的差异，其次是东、西部本身各自所反映的南北差异。南美洲的三大水系集中于东部地区，这主要是因为东部地区幅员广阔，具有发育大水系的充分空间。这是以亚马逊河为主干的庞大水系，河网密度、流域面积和水量均居世界首位，长度也仅次于非洲的尼罗河。范围之广，为世界各大河所远远不及。

地球上的江河海洋

世界流域面积最大的河——亚马逊河

Shi Jie Liu Yu Mian Ji Zui Da De He——Ya Ma Xun He

亚马逊河发源于秘鲁中部的科迪勒拉山脉，总长约 6700 多千米，是世界第二长河，仅次于尼罗河。河面宽广，支流众多，流域和流量都居世界第一位，由亚马逊河冲击而成的亚马逊平原面积约 700 多万平方千米，大多位于巴西境内。亚马逊流域适合植物生长，有浩瀚无际的原始森林，各种植物两万余种，盛产优质木材，并被誉为"地球之肺"。

◎亚马逊河的特征

河流域地处赤道附近，气候炎热潮湿，雨量充沛，年平均降水量 2500 毫米，这种气候条件很适宜各种热带植物的生长。于是，亚马逊河流域是一座巨大的天然热带植物园。据统计，这一地区的植物品种不下五万种，其中已经作出分类的就有两万多种。亚马逊河两岸是茂密的热带丛林，一望无际，

※ 亚马逊河

宛如绿色的海洋，大小河流成了林中狭道。十六世纪，西班牙探险家平松给这条河流取名"英拉依河"，意思就是"森林之河"。

▶ 知识链接

亚马逊河蕴藏着世界上最丰富多样的生物资源，各种生物多达数百万种。亚马逊河以世界淡水观赏鱼最主要的产地而闻名，其丰富绮丽的淡水热带观赏鱼一直牵动全世界观赏鱼爱好者和生物学家的心。

亚马逊河上游河段具有的特点：山高谷深、坡陡流急、落差很大；下游的支流从圭亚那高原与巴西高原进入平原的接触带也多陡落成急流和瀑布，水力资源相当丰富。亚马逊河的航运条件占有一定的优势，它不仅

水量丰富，且河宽水深。它的主要河段上没有任何瀑布险滩，更没有冰冻期，可以与各大支流下游直接通航，构成了一个庞大的航运系统。亚马逊热带雨林蕴藏着丰富的自然资源，还有待进一步的开发。

亚马逊河有一个世界自然奇观——涌潮，穿越辽阔的南美洲大陆以后，亚马逊在巴西马拉若岛附近注入大西洋。亚马逊河的入海口呈巨大的喇叭状，海潮进入喇叭后不断受挤压而抬升成壁立潮头，最高可五米左右。

※ 亚马逊河风光

◎亚马逊河名字由来

亚马逊河名字的来历与一个希腊神话有关。相传，在黑海高加索一带有个叫亚马逊的女人王国，妇女们勇敢强悍，当时西班牙殖民主义者来到亚马逊河流域，发现当地居民像亚马逊女人王国的妇女一样勇敢顽强，是一个不甘屈服于外来侵略势力的民族，而源远流长的亚马逊河神秘莫测，很难以驯服，于是这条河流被称为亚马逊河。

还有一个传说是：从前有一条大河，据说河的源泉是月神的一滴眼泪。有一天，住在大河两岸的印第安妇女同她们的丈夫闹翻了。

按照古代的戒律，印第安男人出去打猎，不管他们能不能打到猎物，

每次一回家就命令妻子立即为他们端来饭菜，妻子把普通的玉米面饼放到丈夫的面前，于是丈夫经常大发雷霆，而可怜的女人时常为此流涕，这样的事情是极其的常见。一天早上，当男人们离开村子去打猎时，首领的妻子托恩莎把其他的印第安妇女召集在一起开了一个会。这个会开得非常成功，因为托恩莎办什么事情都比她的丈夫还要精干。"我们的男人每天在森林中东游西逛，晚上连一只鹦鹉也带不回来，可我们却整天忙着推磨，把玉米碾成粉，制造弓箭和标枪，修理房屋，照料孩子，还要匆匆忙忙地为他们做饭，而他们竟然还虐待我们！这是为什么呢?"托恩莎对妇女们说，"这一切我们都有亲身的体会。没有他们，我们可能生活得更幸福……"

※ 亚马逊河景观

其他妇女热烈地赞成托恩莎的意见，因为她说的都是肺腑之言。托恩莎趁热打铁又说：

"你们听听我的计划，今天晚上，当男人们回来之后，他们将会发现我们为他们准备了最好的菜和沁人心脾的饮料，他们酒足饭饱以后就会很快地去睡觉。我们可以乘机拿走他们的弓、吹管、箭和吊床，然后我们一起逃走。"

"我们逃到什么地方去呢？无论我们跑到哪里，他们最后准能找到我们……"一个刚结婚不久的年轻媳妇说。

"我知道一个别人都不知道的地方，万一他们发现这个地方，我们也

有办法不让他们闯进去。"首领的妻子很自信地说。

其他妇女没有再提出什么问题，她们心里都很高兴，因为她们不久就可以摆脱男人们，就会有出头的日子了。

当天晚上，男人们又像往常一样，几乎空着手回到家里。他们惊奇地睁大了眼睛，扑鼻的香味使他们离家很远的路上就开始垂涎三尺。妇女们在火上烹调着小猪肉、鲤鱼和乌龟蛋，桌子上摆满了丰富多彩的玉米面饼，壶里装满了香甜而醉人的可可酒。

男人们开始大吃大喝，他们的妻子在一旁笑容可掬地为他们端来一盘又一盘的肉，她们尤其没有忘记不停地给他们斟酒喝，而她们自己却矜持地站在那里，一块饼子也不吃。

不久，村里所有的男人都打着响亮的鼻鼾声呼呼地睡着了。

妇女们一看见托恩莎发出的信号，立刻抢走了男人们的弓箭和他们涂抹箭头用的毒药，她们背上吊床，排着队悄悄地离开了村庄。

她们在路上走了几天几夜。在托恩莎的带领下，她们穿过森林，涉过一条大河，最后来到一座荒山脚下。

※ 亚马逊河湿地

"这里就是圣母山！我们在这里可以防备一切男人！"托恩莎对她的同伴们说。

果然不出托恩莎所料，被自己的妻子抛弃的印第安男人很快就发现了她们的踪迹。他们一会儿用甜言蜜语，一会儿又暴跳如雷，千方百计地想劝说他们的妻子一起回去，但是她们像悍妇一样，用带毒的箭把她们的丈夫吓跑了。

没有一个男人能够进入圣母山，托恩莎的名字又被后人传得十分传奇，因此这座圣母山现在叫亚马逊，而曾经流传过这个故事的那条大河也被人称为亚马逊河。

| 拓展思考 |

1. 亚马逊河最大支流是哪条？
2. 关于亚马逊河的名字你还知道哪些说法？

地球上的江河海洋

壮丽的巴拉那河

Zhuang Li De Ba La Na He

巴拉那河是南美洲第二大河，它发源于巴西高原东南缘的脉曼蒂凯拉山北坡，主源格兰德河，汇合巴拉那伊巴河后，才称为巴拉那河。流经巴拉圭、乌拉圭和阿根廷等国，上游汇合巴拉圭河，下游汇合乌拉圭河后称拉普拉塔河，最终注入大西洋。巴拉那河分为上、下两段，上段长 2800 千米，下段长 1200 千米。巴拉那河流域降水量非常的丰富，干流水量充沛。

※ 巴拉那河

▶ 知识链接

虽然急流瀑布有碍于航行，但提供了丰富的水力资源，估计水力蕴藏量为 4000×10 立方千米，流域各国正在联合进行开发。如巴西和巴拉圭合作在塞特凯达斯瀑布下游兴建中的伊泰普水电站，全部完工后装机容量将居世界首位；阿根廷与乌拉圭合作在乌拉圭河中游建造电站；伊瓜苏瀑布水力资源的开发利用也正在拟议中。

巴拉那河全流域属于亚热带湿润气候，四季都有降雨。巴拉那河流域终年气候湿热，冬季干旱，夏季多雨。中下游地区北部为亚热带气候，南部为温湿润气候，雨量相对比较少。巴拉那河流域有两个植物带，东岸为森林，西岸为草原。

巴拉那河上、中游流经高原地区，河流深切，多峡谷，河床常有岩岛裸露，因此形成了许多急流和瀑布，其中最著名的

是伊瓜苏瀑布。伊瓜苏河从高原边缘的陡峭的岩壁注入巴拉那峡谷时，陡落 70 米左右，干季时被河心岩岛分隔成多股急流，每逢汛期，水量就会大增，汇成一道宽达 3000～4000 米的巨大水幕，堪称为世界上最宽的瀑布。

※ 巴拉那河上游

　　拉普拉塔河和巴拉那河对阿根廷的经济至关重要，是进出口货物的枢纽。首都布宜诺斯艾利斯坐落在巴拉那河和拉普拉塔河的相交处，是阿根廷的政治和经济中心。阿根廷宣布的领海范围是 12 海里，经济海域为 200 海里。

　　巴拉那河上段具有丰富的水力资源，巴西、阿根廷、巴拉圭均建有大型水电站，下段为南美洲中东部重要的内河航道，全年通航里程达 2700 千米，主要港口和城市有阿根廷的罗萨里奥、圣菲和巴拉圭的亚松森。

拓展思考

1. 巴拉那河为主干的水系是南美洲第几水系？
2. 你还知道南美洲其他水系吗？

巴拉圭河

Ba La Gui He

巴拉圭河是南美洲第五大河，它还是南美洲中南部的一条重要河流，巴拉圭河主要流经巴西和巴拉圭，也是巴西与玻利维亚和巴拉圭与阿根廷的边界河。它起源于巴西的马托格罗索省，在阿根廷的科连特斯市北注入巴拉那河，

※ 平静的巴拉圭河

全长 2500 多千米，是巴拉那河的主要支流。

巴拉圭河发源于巴西马托格罗索省迪亚曼蒂努南，它向西南流过巴西的卡塞雷斯市，然后转向南，流过潘塔纳尔沼泽地和科伦巴市后成为巴西与玻利维亚的一小段边界河。

巴拉圭河流域处于热带草原气候带，每年 10 月至次年 3 月为雨季，6～7 月为干旱季节。

▶ 知识链接

　　巴拉圭被巴拉圭河分为两个非常不同的部分：西部的大查科地区人烟稀少，半干旱，东部则是森林地区，巴拉圭百分之九十八的居民住在这里。因此，巴拉圭河是巴拉圭最重要的一个地理现象。

巴拉圭河上没有用于水力发电的大坝，所以它有很长一段流域可以通航。巴拉圭河是南美洲也就是亚马逊河后第二长的可以通航的河流，因此，它是一条非常重要的水道，将内陆的巴拉圭与大西洋相连。它的流域上有许多重要的城市，如巴拉圭的亚松森、康塞普西翁和阿根廷的福莫萨。巴拉圭河上的渔业及为灌溉提供的水都是非常重要的经济因素。

※ 巴拉圭河

| 拓展思考 |

1. 巴拉圭河与巴拉那是什么样的关系?
2. 巴拉圭河的发源地在哪里?

乌拉圭河

Wu La Gui He

乌拉圭河位于南美洲东南部，根据当地意思可翻译为"彩鸟栖息之河"。乌拉圭河发源于巴西南部海岸的马尔山脉西坡，源流名字叫做佩洛塔斯河，在与卡诺阿斯河相汇后始称乌拉圭河。河流先自东向西流，在巴西与阿根廷交界处突然折向南，而后自北向南流，在阿根廷首都布宜诺斯艾利斯以北称拉普拉塔河，向东南流，最后汇入大西洋。乌拉圭河河流全长 1600 千米，流域面积为 24 万平方千米。

◎乌拉圭河河流简介

乌拉圭河是位居南美洲的一条国际性河流，它是拉普拉塔河的支流，自北向南流经巴西、阿根廷和乌拉圭三国。乌拉圭河还是巴西与阿根廷及阿根廷与乌拉圭的分界河。对于其长度来说，乌拉圭河是世界第 76 大河流。

河流上游河段在巴西南里奥格兰德州和圣卡塔琳娜州境内，中游为巴西与阿根廷的界河，下游是阿根廷与乌拉圭的分界河。乌拉圭河上游是丘陵地带，河流在深切的 V 形峡谷中穿行。这段地区属于巴拉那沉积区，河道多险滩、瀑布，并且通常会出现大拐弯。

河流中、下游河道地势较低，海拔 250 米左右，水流较为平缓。乌拉圭河及其支流一起构成了巴西最南部、阿根廷最东部以及乌拉圭西部稠密的水道网，河流水量充沛，水利资源丰富。

▶知识链接

乌拉圭位于南美洲东南部，乌拉圭河与拉普拉塔河的东岸，北邻巴西，西界阿根廷，东南濒大西洋。1825 年 8 月 25 日，从巴西帝国的统治下独立。境内大部分地势平坦，农牧业发达。乌拉圭因优美的自然风光和安定的社会环境，被誉为"南美瑞士"；又因其形似宝石而又盛产紫晶石，被誉为"钻石之国"。乌拉圭经济主要是以出口农业为主，曾一度成为南美洲富裕的国家。

◎乌拉圭河的发源地

乌拉圭河发源于巴西南部海岸山脉，主要河源流佩洛塔斯河在巴西圣

※ 乌拉圭河景观

卡塔琳娜州的上多比斯波，距大西洋岸仅 64 千米的距离，并在皮拉图巴附近与卡诺阿斯河汇合成乌拉圭河。在此之后，在布宜诺斯艾利斯一带地区与巴拉那河汇流，又形成了拉布拉他河大三角湾。

乌拉圭河在流程过程中，收集了许多条支流。左岸支流主要有佩希河、多拉杜河、雅库廷加河、乌瓦河、阿里拉尼亚河、伊茹伊河、皮拉蒂尼河以及伊比拉普伊塔河等；右岸主要支流有沙佩科河、阿瓜佩河和米里尼亚伊河等。

内格罗河是乌拉圭河最大的一条支流，它发源于巴西高原南里奥格兰德州的巴热附近，河流大致向西南方向流经乌拉圭中部，在索里亚诺地区流入乌拉圭河。河流全长约 800 千米，流域面积七万平方千米，其主要支流有库尼亚皮鲁河、塔夸伦博河、伊河以及格兰德河等。

◎乌拉圭河流域特征

乌拉圭河上、中游地区为巴西最南端，属于亚热带气候，夏季炎热，冬季寒冷，径流季节性不强，为每年 5～10 月出现大洪水的可能性会比较大。河道中的泥沙大部分为悬沙，且由于流域内河道两岸的表土呈黏性，悬沙浓度不大。因此，河床淤积面积相当的小。

发生在该流域的洪水特点是：上游坡陡，洪水最大，洪水位变化快；下游坡缓，洪泛区长时间被洪水浸泡。据有关专家统计，在 1983～1990 年间发生的八次大洪水中，平均受灾城市数目达 22 个，平均受灾人数达八千多人，其中以 1983 年洪水为最大，受灾城市达 73 个，受灾人数多达至两万七千多人。

目前，乌拉圭河上已修建起七座水电站，它们分别是帕苏丰杜河上的帕苏丰杜水电站，乌拉圭河干流上的伊塔、龙卡多尔和加拉比水电站，卡诺阿斯河上的坎普斯诺武斯水电站，以及佩洛塔斯河上的马沙汀荷和巴拉格兰德水电站。

| 拓展思考 |

1. 乌拉圭河最大的支流是哪条？
2. 乌拉圭河属于内流河还是外流河？

的的喀喀湖

Di Di Ka Ka Hu

的 的喀喀湖位于玻利维亚与秘鲁两国交界的科亚奥高原上，被称为"高原明珠"。的的喀喀湖海拔高而不结冰，处于内陆并且湖水不会咸。的的喀喀湖是南美洲地势最高、面积最大的淡水湖，也是世界最高的大淡水湖之一，还是世界上海拔最高的大船可通航的湖泊，是南美洲第二大湖。的的喀喀湖海拔 3000 多米，面积 8300 多平方千米，水深平均 100米，最深处可达 256 米。湖水呈淡绿色，清澈见底。湖泊的五分之三在玻利维亚境内，五分之二在秘鲁境内。湖岸蜿蜒曲折，因而形成了许多半岛和港湾，湖畔水草肥美，湖中鱼虾众多。

◎的的喀喀湖介绍

的的喀喀湖区域是印第安人种植的马铃薯原产地，印第安人一向把的的喀喀湖奉为"圣湖"。周围群山环绕，峰顶常年积雪，湖光山色，风景秀丽，为旅游胜地。湖中岛屿很多，太阳岛和月亮岛点缀在湖中，地貌呈棕紫两色。埃斯特维岛是湖中岛屿较大的一个，它两边高而中间低，在中间凹下的部分隆起一座漂亮的建筑——旅游者饭店。从这家饭店的卧室和餐厅就可以俯瞰湖面，优雅的环境，秀美的湖光岛色，交相辉映，游客在此饭店，确有枕于水波之上而揽其山光水色的情趣。

▶知识链接

的的喀喀湖形成于古地质时期的第三纪，在强烈的地壳运动中，随着科迪勒拉山系隆起及巨大的构造断裂，然而在东科迪勒拉山脉和西科迪勒拉山脉之间，形成了一条西北——东南走向的构造盆地。的的喀喀湖位于该构造中，后来经过第四纪冰川作用，湖区的景致显得更加绚丽多姿。

的的喀喀湖仍然是一个低含盐度的淡水湖，主要盐分被德萨瓜德罗河带走，湖的水位有季节性变化和数年的周期变化，湖的四周雪峰环抱，湖水不断得到高山冰雪融水的补充，因此湖水不咸；又因为湖泊地处安第斯山的屏蔽之中，高大的安第斯山脉阻挡了冷气流的侵袭，湖水终年不会结冰。

※ 的的喀喀景观

　　的的喀喀湖富鱼产和飞禽，湖中鱼虾众多，岛上水鸟密集。湖底四周生长着茂密的水草，水中游鱼嬉戏，历历在目。在香蒲丛中寻找食物的野鸭，受到游艇的惊扰，"喀喀喀"地叫着飞向远方。其中有一种名叫"波科"的鸭，两翅五彩缤纷，头呈墨绿色，而面颊却雪白，非常的美丽。

　　人们泛舟湖中，还可以看到许多居住着三五户人家的"浮动小岛"，这些漂来漂去的"小岛"并非陆地，而是人们使用当地出产的香蒲草捆扎而成的。香蒲草是多年生草本植物，高达2米，叶子细长，可以编织席子、蒲包。厚厚的香蒲草草堆铺在一起，由于它的浮力很大，乌罗人就在上面用香蒲盖起简陋的小屋，乌罗人在这香蒲草的世界中，保持着世代相传的民族习惯。乌罗人的主要交通工具就是用整根的香蒲捆扎起来的小筏，大约长度有2米多，可载4~5个人，用长篙撑驶，纵横驰骋在香蒲丛生的浅水区中间。所以，到的的喀喀湖观察乌罗人的生活，又是别有一番风味的旅游生活。

　　湖为群山环抱，景色秀丽，湖岸蜿蜒曲折多变，形成许多半岛和港湾。秘鲁境内有45条河流流入的的喀喀湖，然而只有东南角的德萨瓜德罗河为湖的出口。的的喀喀湖是南美洲印第安人文化的发源地之一，所

以，印第安人称此湖为圣湖。阿依马拉族认为，他们世代崇拜的创造太阳和天空星辰的神祇也来自湖底。

◎的的喀喀湖名字由来

一种说法是：太阳神在的的喀喀湖上的太阳岛创造了一男一女，而后子孙繁衍，成为印加民族。那时候，这个湖不叫的的喀喀，而叫丘基亚博，在印第安克丘亚语中，"丘基亚博"是"聚宝盆"的意思。因为这个湖区周围的群山中蕴藏着丰富的金矿，印第安人用黄金制成多种装饰品随身佩带，更以这个湖命名"聚宝盆"为自豪。不料有一天，太阳神的儿子独自外出游玩，被山神豢养的豹子吃掉了。太阳神痛哭儿子，泪流满湖。印第安人同情太阳神，痛恨豹子，纷纷上山猎豹，杀死豹子作为牺牲品，追悼太阳神的儿子。以后，人们在太阳岛上建起了太阳神庙，把一块大石头象征豹子，放在太阳神庙里，代替祭祀的牺牲，留给世世代代作以使用。所以，这块大石头就叫"石豹"。"石豹"在印第安克丘亚语中就是"的的喀喀"。所以，湖名就由"丘基亚博"逐渐变为"的的喀喀"了。

另一种说法是：水神的女儿伊喀喀爱上英俊的青年水手的托，他们偷偷结为夫妻，过着幸福的生活。水神得知后，勃然大怒，他立即兴风作浪，把的托淹死。伊喀喀十分悲伤，她将爱人的尸体推出水面，把他化为山丘，自己则变为浩瀚的湖水，生生世世，从此山水相依。印第安人十分同情他们的遭遇，就把他们的名字结合起来作为湖名，这就是的的喀喀湖。

拓展思考

1. 的的喀喀湖有哪些气候特征？
2. 的的喀喀湖有哪些价值？

石油湖——马拉开波湖

Shi You Hu——Ma La Kai Bo Hu

马拉开波湖位于委内瑞拉的西北部，总面积14000多平方千米，最长处200多千米，最宽处92千米，它是委内瑞拉同时也是南美洲最大的湖泊，是世界上产量最高、开采最悠久的"石油湖"。由于石油储量大，原油源源不断从湖畔的裂缝中溢出，浮在水面上。从湖的一岸眺望湖面，只见井架林立、油管密布、油塔成群，十分壮观。湖上大桥是南美洲跨度最大的桥梁之一。马拉开波湖与委内瑞拉海湾相连，湖区周围的沼泽地为世界著名的石油产区。

马拉开波湖面宽广，一望无际，水深平均达20多米，靠南的部分有大小150多条内陆河汇入，均为淡水；湖的北部出海口有近10千米宽的水面与加勒比海相接，所以水很咸。

▶ 知识链接

> 马拉开波湖周围城市的污水处理设施大多部分还不够完善。苏利亚州有人口320万，几乎全部集中在马拉开波、卡维马斯等几个城市内，这些城市排出的污水源源不断地流入湖内。根据当地一些老人回忆，过去湖内水产丰富，湖水清澈，湖边沙滩通常是人们游泳的好去处。近几年，湖内许多地方由于污染现在已经不能游泳，污染的湖水甚至都不能用来灌溉周围的农田。

马拉开波湖被誉为世界上最富足的湖。宽广的湖面上采油站、井架、磕头机随处可见，整个湖区有七千多口油井，年产七千多万吨原油。

马拉开波湖的渔业资源也十分丰富，除出产大量鱼虾外，现在湖边的许多地方也搞起了水产养殖。

湖岸四周是大片肥沃的牧场，是全国最重要的畜牧业基地，该地区出产的牛奶和奶酪占全国的百分之七十。当地人这样比喻，马拉开波湖的形状就像是个朝加勒比海开口的钱袋，湖口的乌尔塔内塔将军大桥是扎着袋口的绳子，湖底和四周埋藏的全是石油和美元。

马拉开波湖原本只有通过一条狭窄的水道同加勒比海连接，海水很难进入湖区内，但是为了发展湖内的采油业，五十多年前人们开始将连接外海的水道拓宽、挖深，并定期清淤，以便大吨位的货轮和油轮驶入。水上交通便利了，但问题也随之而来。海水逐渐倒灌侵入湖心，沉积在水流的

下部，同时也阻碍了整个湖水的自然循环，造成大量水藻和微生物死亡，由于水藻和微生物是鱼类赖以生存的食物，湖中的鱼大量减少，使许多渔民无鱼可捕。

马拉开波湖是世界上产量最高、开采历史最悠久的石油湖，其开采历史已有九十多年。为了输送出去采出的原油，湖底铺设有总长度达4万多千米的各种管道，就像蜘蛛网一样密密麻麻。为保证这么多的管道不出现渗漏，其难度可想而知。据统计，近年来湖区每月发生的原油渗漏事故都在30～50起，原本清澈的湖面时常会泛起黑色的原油。

拓展思考

1. 马拉开波湖受污的主要原因是什么？
2. 为什么说马拉开波湖四周埋藏的全是石油和美元？

地球上的江河海洋

美洲地中海——加勒比海

Mei Zhou Di Zhong Hai——Jia Le Bi Hai

加勒比海在北大西洋，由于当地原居住着加勒比印第安人而得名。加勒比海是大西洋西部的一个边缘海，西部和南部与中美洲及南美洲相邻。加勒比海的四周几乎被中南美洲大陆和大、小安的列斯群岛所包围着，西北通过万卡坦海峡与墨西哥湾相连。它东西长约 2800 千米，南北最宽处约 1400 千米，面积约为 260 多万平方千米，是世界上最大的内海，有人曾把它和墨西哥湾并称为"美洲地中海"。

加勒比海被许多狭长的半岛和岛屿所割裂，形成半封闭式的海域。海底地形复杂，海域以牙买加海岭为界，分成了东、西两部分。东部加勒比海面积比较大，略呈长方形；西部加勒比海又称开曼海，面积较小，略呈半圆形。加勒比海盆被若干海脊分隔开来，使之海盆与海沟成交错状态分布着。

※ 加勒比海

加勒比海是中美与南、北美洲交通、贸易航线的必经海区，自1920年巴拿马运河开通以后，便成为了沟通大西洋和太平洋的重要海上通道，大大促进了加勒比海沿岸三十多个国家和地区的经济发展。

▶知识链接

2009年，法国一个匿名的"海底科学家小组"声称，他们在中美洲加勒比海的海底下无意中发现了一块貌似城市遗址的巨大海床，这座"海底古城"中遍布着纵横交错的"街道"和各种形态各异的"建筑"，而它很可能就是传说中神秘消失的大西洲。

加勒比海的海水盐度适中，海洋生物丰富，盛产金枪鱼、沙丁鱼等鱼类，是拉丁美洲的三大渔场之一。海底还蕴藏着大量石油和天然气。海区地壳非常不稳定，四周多深海沟和火山地震带。两岸地区珍禽异兽种类非常多。旅游业是加勒比经济中的重要部分，明媚的阳光及旅游区，已成为世界主要的冬季度假胜地。

※ 加勒比海滨

加勒比海域属于热带气候，全年盛行东北风，高温、潮湿，大气处于不稳定状态。每年6～11月，北部出现热带风暴，九月最为频繁，风速可超过33.5米/秒，平均每年出现八次，给航运造成不利的影响。

※ 加勒比海

这里碧海蓝天，阳光明媚，海面水晶般清澈。十七世纪的时候，这里更是欧洲大陆的商旅舰队到美洲的必经之地。所以，当时的海盗活动非常猖狂，不仅抢劫过往商人，甚至包括英国皇家舰队也曾遭到过攻击。

◎关于加勒比海盗的故事

　　杰克·斯派洛是个加勒比沿海小镇子上不务正业的小痞子，别看他眼下是混得这么惨，但是当初，他也曾经是一位驾着自己的爱船，率领着众多手下纵横海上劫富济贫的侠盗，可惜一个不小心，上了坏蛋船长巴博萨的当，被他抢走了心爱的海盗船"黑珍珠号"，也让从小立志成为一名出色海盗的杰克倍受打击，心灰意冷的他干脆落拓到这个不起眼的小镇子上混起了日子。某天，当地地方官漂亮动人却又野性难驯的女儿伊丽莎白被突然冲出来的巴博萨船长领军的一群海盗劫走了。原来，巴博萨自从从杰克手里抢走了"黑珍珠号"以后，他和手下人就全部中了一个古老的诅咒，每当有月光照在他们身上，他们就会变成一帮半人半鬼的活动骷髅，当海盗再逍遥再自在，背着这么个诅咒过一辈子也郁闷痛苦啊。就在这时，巴博萨船长偶然看到了伊丽莎白身上佩带的一个徽章，根据书上记载，它似乎正是解除这个咒语的关键所在，于是一不做二不休，索性连人带东西一起掠上船带走！伊丽莎白被海盗抢走了！这个消息可急坏了和伊丽莎白青梅竹马的铁匠威尔·特纳，万般无奈之下，他只得求助于有过海盗背景的杰克，当杰克知道抢走伊丽莎白的正是和他有着不共戴天的巴博萨船长时，他立刻答应和威尔一起追踪"黑珍珠号"，为了救美，更为了夺回自己的爱船，于是两个人跑去偷了一艘号称是英国舰队最快的帆船，和巴博萨船长在美丽而危险的加勒比海上展开了一场惊心动魄的追逐。

拓展思考

　　1. 加勒比海流域是否真的有海盗？
　　2. 加勒比海是沿岸国最多的大海，那么仅次于加勒比海的是哪个海？

澳大利亚最大河流——墨累河

Ao Da Li Ya Zui Da He Liu—— Mo Lei He

墨累河是澳大利亚主要河流，它也是澳大利亚一条唯一发育完整的水系。全长 3700 多千米，流域面积为 100 万平方千米。墨累河发源于新南威尔士州东南部的派勒特山。流向为西方后转西北，构成新南威尔士和维多利亚州的大部边界，穿过休姆水库，到南澳大利亚的摩根急转向南，后流过亚历山德里娜湖。

流域大部分地区地势平坦，在海拔 200 米以上，属于典型的平原地区。流域主要位于南澳大利亚州以东，大分水岭以西，昆士兰州沃里戈岭以南的地区。

▶ 知识链接

> 墨累河中、下游河床坡度小，在其 2000 千米的长度中，平均每千米河床递减很小，水流极缓慢，宽阔的河谷中多沼泽。表面广布近期的冲积层和风积层，地表很少起伏。

墨累河的主要特点是河流源于降水丰富的东部高地，流经降水稀少、蒸发旺盛的广大平原地带，以致多数支流的中、下游，经常会有断流现象，特别是干旱年，断流月份更长。如 1920 年，拉克伦河连续 9 个月断流，达令河连续 11 个月无水。墨累河上游依靠山地降水、雪水供给，虽没有断流，但是水位也相当的低。

墨累河流域水能资源主要集中于干流上游及其支流。由于河流流经的大部分地区都是干旱地区，流域水资源开发的主要目的是灌溉和供水，并且为当地居民提供了电力。

墨累河是澳大利亚最重要的河流，也是受污染最严重的河流。在控制水质污染方面是采取监测与治理相结合的方法。墨累河流域管理局在流域的干、支流上，建立了 58 个水质监测站。水质监测数据和水文测验数据都传送到流域统一管理系统的数据库中，作为水质预测和进一步采取治理措施的依据。

墨累河流域河网密布、支流众多，其主要支流有达令河和马兰比吉河。达令河的河入口以上为墨累河上游，全长 178 千米，流域面积 26.7 万平方千米，多年平均流量 168 立方米/秒。马兰比吉河发源于东部高山

※ 墨累河风光

地山坡的坦拉加拉水库，流向东南至库马，再转向北流穿过首都堪培拉直辖区，到亚斯折向西流，在奥克斯利动以南约 30 千米处接纳拉克伦河后在罗宾韦尔市附近注入墨累河。

干流自源头开始，有一段 450 千米长的高地，尽管只占整个河长的百分之二十，但这一段河床的海拔高度下降却很大，从源头的 1400 多米左右下降至下游的 150 米左右。除达令河与马兰比吉河外，墨累河还有以下较小的支流江入吉黑河、图马河、科里扬河、卡德哥瓦河、米堪一米塔河、基沃河、洛登河等。

在墨累河以及其他支流上建立了许多水库，主要有墨累河的休姆水库和维多利亚湖水库，达令河上的梅宁水库以及自芒舍迪至文特沃思的一系列水库。

| 拓展思考 |

1. 澳大利亚还有哪些河流？
2. 墨累河主要有哪些作用？

世界上最大的海——珊瑚海

Shi Jie Shang Zui Da De Hai——Shan Hu Hai

珊瑚海由大量珊瑚礁而得名，世界有名的大堡礁就分布在这个海区。它像城堡一样，从托雷斯海峡到南回归线之南不远，南北绵延伸展2400千米，东西宽约2～150千米，总面积8万平方千米，它为世界上规模最大的珊瑚体，大部分隐没水下成为暗礁，只有少数顶部露出水面成珊瑚岛，珊瑚礁在交通上是个障碍。珊瑚海总面积达470多万平方千米，它是世界上最大的海，面积相当于半个中国的国土面积。

◎珊瑚海的简介

太平洋西南部海域，珊瑚海位于澳大利亚和新几内亚以东，珊瑚海的海底地形大致是由西向东倾斜，平均水深2300多米，大部地方水深3000～4000米，最深处则达9100多米。因此，它还是世界上最深的一片海。南纬20°以北的海底主要为珊瑚海的海底高原，高原以北是

※ 珊瑚海风光

珊瑚海海盆。南所罗门海沟深7300多米，新赫布里底海沟深达7500多米。此外，还有北部的塔古拉堡礁，东南部的新喀里多尼亚堡礁是澳大利亚东部各港往亚洲东部的必经航路。珊瑚海属于亚热带气候，每年的四月份有台风，经济资源主要有渔业和巴布亚湾的石油。

珊瑚海的海水非常洁净，海水的含盐度与透明度很高，水呈深蓝色。在珊瑚海的周围几乎没有河流注入，这也是珊瑚海水质污染小的原因之一，又由于受暖流影响，大陆架区水温增高，珊瑚海地形处于赤道附近。因此，它的水温很高，全年水温都在20℃以上，最热的月份甚至超过

28℃，这些都有利于珊瑚虫生长。珊瑚堡礁以位于澳大利亚东北岸外240多千米处的大堡礁为最大，长达2000多千米，珊瑚礁为海洋动植物提供了优越的生活及栖息条件。珊瑚海中产有许多的鲨鱼，还产鲱、海龟、海参、珍珠贝等。

这里曾是珊瑚虫的天下，它们巧夺天工，留下了世界上最大的堡礁。众多的环礁岛、珊瑚石平台，似天女散花，繁星点点，散落在广阔的海面上，因此才得名珊瑚海。在大陆架和浅滩上，以岛屿和接近海面的海底山脉为基底，发育了庞大的珊瑚群体，形成了一个个色彩斑驳的珊瑚岛礁，镶嵌在碧波万顷的海面上，构成了一幅巨大的绮丽壮美的图景。

陆架浅海和海台上的沉积物为珊瑚沙和碳酸盐岩屑，深海为红黏土以及抱球虫软泥。大堡礁的泻湖上为陆源沉积物，新赫布里底群岛附近还有着大量的火山沉积物。

珊瑚表面看起来像植物，实际上它是海洋里的一种低级动物。一块珊瑚，往往是成千上万亿个珊瑚虫的群体。活的珊瑚，在海水中五光十色，黄的、绿的、紫的、红的，色彩鲜艳夺目，并且有着"海底之花"的美称。我们日常所见到的白色珊瑚，是珊瑚虫死后留下的残骸与骨骼，珊瑚虫很小，只能在显微镜下才能看清，它没有眼睛、鼻子，灵敏的触手是它的感觉器官，触手随水流慢慢漂动，自由地伸缩，捕捉流经附近的浮游生物和碎屑，当受到惊吓时，立即会把触手缩回藏起来，在四周触手的中央，有一个小口，那就是珊瑚虫的嘴，叫作"口道"。口道进去就是一根直肠子，没有食道和胃。它把消化后的残渣，再由口道吐出来，肛门和嘴不分家，所以，叫它低等动物。现在珊瑚海保留了那么多珊瑚礁，说明在造礁的年代，这里不仅有大量造礁珊瑚，还有大量的虫黄藻在这里繁殖生长。它们的成功合作，才使如今的珊瑚海如此绚丽多彩。

◎珊瑚海名字的由来

从前，在海边有一只孤独的海鸟，平静地生活着。它有时也曾期望，能有一段美丽的爱，但缘分难求，它仍旧每天独自唱歌。直到那条鱼的出现，改变了一切。

那是一个平静的黄昏，一切都和往常一样。当海鸟正在海面上盘旋觅食时，它看见了一条鱼。鱼优美的身姿在浪花中若隐若现，它看得呆了。正巧，这时鱼也发现了海鸟。鱼游过来对海鸟笑说："你好啊。""你……好。"海鸟有些犹豫。吃掉鱼是多么容易的事，吃，还是不吃？海鸟第一

※ 珊瑚虫

次感到了困惑。最终，海鸟选择了放弃吃鱼。那天，它们聊得很投机。终于，到了不得不分别的时刻，它们依依不舍地告别，最后约定，明天还在这儿见面。

第二天，海鸟等了好久，鱼没来。第三天过去了，第四天过去了，第五天过去了……海鸟开始感到了一丝隐隐的不安。

终于，在沙滩边，海鸟发现了正在偷偷哭泣的鱼。"一天一个贝壳，15个贝壳，你看你失踪多少天了？"鱼却不答，只是无言饮泣。顿时，海鸟把所有要说的话都忘了，只是呆立在那儿，不知该如何安慰鱼。过了好久，鱼才抬起头，幽幽地说："我们……可能不会再见面了……"这一句话，尤如一个晴天霹雳，炸得海鸟惊了半晌。半天海鸟才喃喃地说："为什么？""因为，妈妈说，鱼，一直都是鸟的食物……"再往后的话，海鸟一句都没听清。海鸟只是呆呆地想：果然是这个原因，果然是因为这，鱼拒绝了我！海鸟神色茫然，心里暗暗诅咒上天，埋怨命运的不公。直到鱼摇着海鸟，问："是真的吗，你是真的会吃掉我吗？"此时的海鸟早已说不出一句话，最后，只淡淡地丢下一句话："听妈妈的话吧！"便转身飞去，眼泪落进海里，咸咸的，再分不出，哪是海水，哪是眼泪。而岸边只留下鱼，空中回荡着低低的啜泣声，久久不散。

从此以后，海鸟仍常常来看鱼，但从不接近鱼，只是远远地望着鱼。它们两个就这样远远地对望着，不说一句话，两颗心却贴得越来越近。但鱼仍然不放心，终于这天，鱼向海鸟提出了分手。海鸟笑了，凄凉地，海鸟早知道会有这一天的。从那个约定开始，海鸟就知道，把愿望寄托在流星身上是愚蠢的，因为常常你还来不及许愿的时候，它就一闪而过。等待就像风中的尘埃，最终还是积累成伤害。但不等待又当如何呢？何况，它们的爱，差异一直存在，那不是错过，而是过错！错过只是遗憾，而过错是一个错误。哪怕它再美丽，也只能是一个错误，无可避免的伤害。

最终的结果，它们还是分开了，鸟去了天涯，鱼去了海角。从此，它们再也没有相见。但它们一直记得对方，记得那片海，很多很多年以后想起来，还是会泪流满面。转身离开，分手说不出来，海鸟跟鱼相爱，只是一场意外……很多年过去了，它们都已经离开了这个世界，但那片海还在，并且还见证着一个又一个或圆满或凄美的爱情。也正因为这样，还是有人记得它们。因为鱼的名字叫珊，海鸟的名字叫瑚。所以，它们相遇的那片海有一个美丽的名字——珊瑚海。

拓展思考

1. 世界上最小的海是哪个？
2. 珊瑚海的地形有哪些特征？

地球上的江河海洋

水

源污染情况及后果

第六章

水是生命之源，在自然环境和社会环境中，水占据着重要地位，水是地球上最常见的物质之一，它是人类生存的重要资源，也是动植物生存的重要元素，水在生命演化中起到了至关重要的作用。目前，许多地区的大小河流都受到不同程度的污染，给水生动物带来了灾难，有的甚至面临灭绝。水体受污染后，水中含有各种无机和有机化学物质超过了一定的含量，可直接危害到人体的健康，生物的生存环境也因此受到严重影响。近年来，水体污染逐渐严重，其污染情况越来越受到人们的重视。那么，让我们一起来了解并爱护大地的血液——水。

地球上的江河海洋

水的来历

Shui De Lai Li

地球是太阳系八大行星之中唯一被水所覆盖的星球。地球上水的来源目前仍存在着很大的分歧，至今有很多种关于水形成的不同说法。

◎水的形成

※ 清澈的河水

有些人认为在地球刚刚形成的时期，原始大气中的氢、氧化合成水，水蒸气逐步的凝结下来形成了现在的海洋；还有的人认为，原始地壳中硅酸盐等物质受到火山的影响而发生反应从而分解出水分。据专家推断：最初的原生海水由于溶入了大量的火山气体而酸性更强，强酸性水溶液与硅酸盐岩石作用，使海水的酸性得到一定程度的中和并因此生成大量的氯化物。后来，生物作用又让水中增加了大量碳酸盐和硫酸盐。生物作用的不断加强，海水逐渐呈现碱性，最后才形成了现代的海水。据分析，地球是由太阳星云分化出的星际物质集聚汇合而形成的，地球基本是由氢气、氮气和尘埃组成。地球的内核是固体尘埃聚集结合形成，外围绕有大量气体。然而，刚形成的地球质量不大，引力小，温度也相当低。后来是由于地球不断收缩，内核物质产生能量，地球的温度才不断升高。不过，地球表面温度逐渐降低，地表开始形成了坚硬的地壳。但是由于地球内部温度很高，岩浆就开始运动剧烈。火山爆发频繁，地壳发生了不断的改变，有隆起也有下陷，这就形成了山峰、低地以及山谷，随之而来的是大量气体喷出。地球引力增加且吸引着气体围绕地球，这就形成了"原始地球大气"。组成原始大气的成分很多，其中就有水蒸气。

河水由天上降水和地下水补充而形成的。然而，地下水又分为浅层补充和深层补充。"浅层地下水补充"是指河岸两侧积层中的孔隙和裂缝中的地下水，会溢出来流入河里补充流水量；"深层地下水补充"是指地下深处或者长期积蓄的地下水，流出来补充给河流。另外，还有冰雪融水也

※ 河水

是河流水量的一种补充来源。

人类生存的根本来源于"水",它是人类生存和发展以及所有生物都不可缺少的重要物质。

水被太阳光照晒后会变成水蒸气,水蒸气凝聚在一起,升华到空中积成厚厚的云,云朵越积越重,就形成了雨,最后从天上落下来。这样的水源循环就是我们所看到的晴天和雨天。

▶ 知识链接

水是由两种气体化合而成的。1809 年,法国化学家盖吕萨克测定,1 体积氧与 2 体积氢化合,生成 2 体积水蒸气。水的化学分子式:H_2O。

◎地球之水哪里来

地球上的水是从哪里来的?关于水的来源,以前科学家认为,水的来源是来自地球内部,是在地球形成时期自然产生的,这一结论越来越令人质疑,那么地球上的水到底是怎么来的?美国科学家最新提出理论:地球上的水来自太空中的彗星,因为彗星是由冰组成的。这一理论的探索范围是正确的,但归结为冰彗星,又会产生不少疑团,其中让人不解的是九大行星中，为什么只有地球会成为冰彗星的"磁铁"。

经论证，水是被某种力量放置到地球上，并且是利用大气层通过大气水循环将这些水固定在地球上。如果只是放置了水，而没有大气层的保护，即使有着再大量的水，也很快会消散在太空中。

水的形成有很多说法，但都不是绝对的。水对于我们的生存很重要，不管它来自何方，我们人类都要合理利用水资源。

| 拓展思考 |

1. 雨水可以直接喝吗？
2. 水资源是否用之不完、取之不尽？
3. 宇宙中的其他星球是否也有水？

了解水资源

Liao Jie Shui Zi Yuan

地 球虽然有 72% 的面积为水所覆盖，但是人类可饮用的水资源却极其有限。在全部水资源中，97.5% 是咸水，无法饮用，在余下的 2.5% 的淡水中，还有无法利用的南北两极冰冻地带、雪山冰川。人类真正能够利用的是江河湖泊以及地下水中的其中一部分，仅占地球总水量的 0.26%，全球的水资源分布并不均匀。

目前，我们与河流水的关系最为亲密，河流水流动快，循环周期短。因此，水资源又被分为动态水资源与静态水资源。动态水资源指：河流水、浅层地下水，以流动快、循环周期短的特点，被利用后在短期就可复原。静态水资源指：内陆湖泊、冰川和处于深层的地下水，流动更新慢，循环周期相当长，一旦水被污染，短期之内不容易恢复。

※ 水资源

水资源不只是人类生存的根本，也是每个生命体的生态之基。在河流湖泊中孕育着各种各样的动植物，因此可以说，有水的地方就有生命的存在。河流湖泊中有各种鱼、虾、蟹以及两栖动物，可供人类食用。海洋中的生物不仅数量大而且种类繁多，并且在不同深度的海水中都有着大量生物繁殖。

▶ 知识链接

社会不断发展，人类对水资源的需求不断增加，再加上人类现在对水资源的不合理开采利用，从而出现了不同程度的水资源短缺。地球上水资源的量是很足够的，我们所说的水资源短缺指的是淡水的缺乏，或者说可以随意利用的水资源稀缺。因此，把不可用的水变为可用水是非常重要的一个策略。

◎了解海洋资源

海水不仅是宝贵的水资源，而且蕴藏着非常丰富的海洋资源，比如海洋生物，有的可以食用，加工成食品，就能为人体补充所需的蛋白质、多种维生素以及人体必需的营养物质；有的可以当作药用，海马和海龙补肾壮阳、镇静安神、止咳平喘，使用龟血和龟油可以治疗哮喘、气管炎，海藻治疗喉咙疼痛等；有许多的海洋动植物还可以用来观赏、饲养等。海洋的能源资源还可以用来发电，作为日常照明等多种用途；从海水中提取的化合物有食盐、石膏、芒硝、卤水等，这些资源都是我们人类生活中不可或缺的物质。当然，海洋资源不止这些，还有着对我们生活更为重要的矿物资源，比如：石油、天然气、煤、铁、锰核等物质。某些海区还有黄金、白金和银、锆英石、钛铁矿、独居石、铬尖晶石等经济价值极高的砂矿。海洋带给我们的自然资源如此丰富，我们应合理使用开发。

目前，淡化海水已成为了开发新水源解决各地区淡水资源紧缺的最有效方法。不过，还可以直接利用海水，就是以海水代替淡水使用。工业用水、生活用水，可直接使用海水，其中包括海水冲厕和海水冲灰、洗刷、消防、制冰等等。因此，水资源为我们的生存提供了重要条件。

| 拓展思考 |

1. 怎样区分海水和淡水？
2. 地下水位为何会下降？

水的分类以及重要性

Shui De Fen Lei Yi Ji Zhong Yao Xing

水

大致可分为矿泉水、蒸馏水、自来水、汽水、河水、海水等。

◎矿泉水

是指深层地下水流过某些岩石后形成的水。矿泉水含有的微量元素不但有助于人体，并且还含有人体所需要的保健成分。但是人体微量元素在不短缺的状况下，过多摄入对人体危害也是不可小觑的，所以矿泉水并非是长期饮用水。

◎蒸馏水

用蒸馏设备把水蒸气化，除去重金属离子，再把水蒸气凝结成水。但是也除去了人体所需的微量元素，不过低沸点的有机物仍然存在。饮用蒸馏水时间过长，身体不但缺乏所需的微量元素，并且也会将一些有机物引入体中，也会使人体健康存在隐患，所以，蒸馏水不是正常的饮用水。

◎自来水

目前，我国城镇居民饮用的是自来水，随着经济不断发展，工业大量排放废水，导致河水、湖泊等受污染，另外生活中的污水也成了河水污染源之一，地下水也因此受到一定的影响。虽然自来水采用了过滤、消毒等处理措施，并检验合格，但是在水输送过程中，由于管道使用时间过长，没有按时处理，

※ 自来水

管道中的杂物和铁锈也会一并被带入人们的生活中。目前，饮用洁净的水已成为人类的共识。

◎汽水

经过纯化的饮用水压入二氧化碳，然后添加香料和甜味剂所形成的饮料。汽水饮用品，除了糖外其他成分对人体并没有营养。不过，含有的二氧化碳有助人体消化，可以排出体内热气，使人体产生清新凉爽的感觉，在杀死一定细菌的同时也补充了水分。

◎河水

河水含有河沙、大量的微生物以及细菌等的物质，对人体健康有一定的危害，不可以直接饮用。

◎海水

海水中含浓度很高的氯化钠、矿物质和盐，并且有着咸腥的味道，加上海水密度大于人的体液，饮入体内会使人体失去水分，造成健康隐患。

综合以上水的特征，都不适用于人们长期的饮用。不过，目前采用超滤法，经过分离膜处理、臭氧消毒的措施，不仅能保留人体有用的元素，而且还能除去了有机物和杂质。这种处理后的天然水，是非常值得推荐的一种饮用水。

※ 河水

※ 海水

◎硬水和软水

硬水中容易产生白色沉淀物。水加热后，附留在加热器上的白色物质，不但影响加热时间，而且浪费电能源。水的硬度过高肥皂也不易起泡沫，清

洁剂使用比较浪费，白色沉淀物对人体也会构成一定的危害。而软水能减少洁具污垢的产生，软水与硬水最明显的区分就是放入肥皂后，硬水不易起泡沫，而软水较易起泡并且泡沫丰富。如雨水、雪水、纯净水等为软水；另外，矿泉水、自来水，以及自然界中的地表水和地下水等都是为硬水。

▶ 知识链接 ‥‥‥‥‥‥‥‥‥‥‥‥‥‥‥‥‥‥‥‥‥‥‥‥

> 人体内的水分，大约占到体重的 65％。其中，脑髓含水 75％，血液含水 83％，肌肉含水 76％，连坚硬的骨骼里也含水 22％，如果没有食物人可以活一个月左右，如果没有水，最多一周左右。所以水是生命之源、生产之要、生态之基。

据统计，全世界有 100 多个国家都存在着不同程度的缺水情况，世界上有 28 个国家被列为缺水国或严重缺水国。淡水严重缺少的国家和地区，甚至直接影响到了人们的基本生存。在接近撒哈拉沙漠南部干旱的国家，因为缺水农田荒废，几千万人挣扎在死亡的边缘，可以设想：地球缺水所有的生物将会大面积死亡，并导致各种濒危物种面临灭绝；同样人类也会发生各种疾病，甚至导致死亡，并且会因此为生存而争夺水资源，甚至引发起战争，后果及其严重。可见，"水"在我们生活中占据着至关重要的

※ 缺水而死的动物

位置。

干旱地区，动物缺水轻的会影响正常的发育，从而引发各种疾病，严重的会昏迷不醒，然后慢慢走向死亡。

植物缺水叶子会下垂呈现出枯萎状，枯萎有两种情况：一种是短暂枯萎，这种情况普遍发生在气温高的时候，湿度低的

※ 缺水的植物

夏天午间，即使土中有可吸收的水分，也会因为蒸腾强烈而水分供应不足，因而出现枯萎。在气温下降，湿度提升等条件下，植物就可以恢复到原来的状态。另一种是永久枯萎，如果气温下降、蒸腾降低，植物仍然不能够恢复到正常的状态，就叫做永久枯萎，由于根部无法吸收到土壤中更深处的水分，外部也没有可利用的水分，那么永久枯萎将会一直持续到植物死亡。庄稼缺水死亡给人类利益带来不小的麻烦；植物缺水将给食素性动物造成粮食短缺，严重者动物甚至会被活活饿死。

我们了解到水是人体和动植物体内不可缺少的物质，没有水就没有生命的存在。除此之外，人类生活中也离不开水，工农业生产中也同样需要大量的水，水是工农业生产的重要原料。在农业生产中，消耗的淡水量占人类消耗淡水总量的百分之六十至百分之八十。另外，水在内河与海洋运输上也起着非常重要的作用。由此可见，水对我们来说是多么的重要。节约用水，保护水资源应从每个人做起，加强责任感，才是人类对自己负责。

| 拓展思考 |

1. 生活中，你还知道有哪种水存在？
2. 在大自然中，水的存在形式有哪几种？

河流的污染情况

He Liu De Wu Ran Qing Kuang

河流污染是直接或间接排入河里的污染物造成河水质量变差或者工业排污造成河水污染化的一种现象。

污染程度会随着径流量的变化而变化，在排污量相同的情况下，河流径流量愈大，污染程度就愈低，径流量的季节性变化，会带来污染程度以及时间上差异的污染物扩散的较快。河流的流动性，使污染的影响范围不限于污染所在的区域，上游遭受污染必定会很快影响到下游，甚至一段河流都会受到污染，严重的话会危及到整个河道的生态环境。河水是主要饮用水源，污染物可以通过饮水直接毒害人体，也可通过食物链和灌溉农田间接性的危及到人类的身体健康。

※ 被污染的湖水

目前，全球不少地区水环境面临着水体污染、水资源短缺和洪涝灾害等多方面压力。水体污染加速了水资源短缺，水生态环境破坏还促使洪涝灾害频繁的发生。

自然因素的影响在一定程度上加快了水环境污染问题的恶化，增加了水污染防治的难度。近年来，气候变化引起全球温度、湿度、降水量发生变化，使一些国家和地区的灾害接连不断的发生。

◎恒河污染情况

根据印度教的传说，恒河是印度的"圣母"，恒河水更被印度教徒视为圣水，成为祭祀活动中必不可少之物。每天都有着成千上万的印度教徒在恒河中朝拜、沐浴。

印度教徒相信，凡是死后在恒河火化的人，都可以免受轮回再生之苦，便可直接升入天堂。因此，恒河两岸的码头上，有很多焚尸场，焚化

地球上的江河海洋

后的骨灰被直接撒入河中。无数印度教徒千里迢迢把亲人的遗体运到恒河边的瓦拉那西，有的老人干脆到瓦拉那西岸边等死以求早日得到解脱。

※ 恒河被污染部分

二十世纪八十年代起，因为木材短缺造成了火葬用的木材价格越来越高，有很多没有燃尽的遗体就直接被丢进恒河。岸边居民把生活废水也倒入恒河，因为他们认为恒河有自身清洁的能力，是不会被任何脏东西污染的。上世纪七十年代，恒河地区的渔业还很发达，但随着污染的加剧，恒河两岸的渔民变得越来越少。

▶ 知识链接

水体被污染严重，有机有毒物质有可能直接导致大量生物死亡，重金属会通过生物链的放大作用，在高营养级呈现体内富集，或是深入到地下水，污染地下水体。含氮磷较多的有机物，会使水体富营养化，引起一系列的危害，一些无机物质，会改变水体的性质。

◎长江的污染状况

长江的污染状况已超出了人们的想象：森林覆盖率下降，泥沙含量逐渐增加，生态环境急剧恶化；枯水期持续提前；水质恶化，危及城市饮用水；物种因此受到严重的威胁，珍稀水生动物日益减少甚至灭绝；固体废物严重污染，威胁水闸与电厂安全；湿地面积也处于缩小的状态，污水、工业废料

※ 长江污染部分图片

以及轮船排放物，使长江的污染程度加剧七成，成为中国工业急速发展的最大牺牲品。现在中国全部工业废料及污水几乎接近一半都排入长江里，水的天然自洁功能在一定的情况下会日益丧失。如果这样发展趋势得不到

控制并任其发展下去，其后果的严重性实在不堪设想！

◎湄公河的生态及污染源

湄公河流域是地球上物产最丰富、生态最具多样性的河流之一。然而，目前的湄公河流域正面临着严重的生态危机。湄公河上游修建的水电大坝，在带来控制洪水、储存水源和发电等优势的同时，也阻碍了水生动物的运动与迁徙，妨碍了依赖季节性洪期生育的鱼类、水鸟等的繁殖循环，甚至还会将水里的动物吸入涡轮机内。

农业污染源是来自农田的各种化学物质的化肥和沉积物流入了湄公河，使湄公河水质下降，破坏了野生物栖息环境。另外，其他生物的入侵也是造成湄公河流域生态环境恶化主要因素之一。

由于湄公河环境污染严重，栖息在河两岸的鸟类数量不断减少。水污染将湄公河里的伊洛瓦底江豚推向了濒临灭绝的边缘，水污染造成幼江豚免疫力下降，从而受到细菌感染，引发各种疾病。

◎多瑙河污染原因

1999 年，多瑙河遭受了科索沃战争带来的一场大的浩劫，潘切沃石油化工综合企业和诺维萨德的炼油厂被轰炸后，大量有毒污染物质流入多瑙河以及其他的一些支流，并向下游地区扩散开来，对使用多瑙河河水的许多城镇构成了威胁。2000 年，罗

※ 多瑙河被污染

马尼亚西北部地区的金矿污水沉淀池发生泄漏事故，大量氰化物及铅、汞等重金属的有毒物质流入多瑙河的支流蒂萨河，毒水顺流而下进入多瑙河。因而，多瑙河下游等多个国家深受其害，有毒的水流经的河流中出现大量鱼类死亡，在有些河段，就连船只都无法正常行驶。

除此之外，多年来流入的大量工业、生活废水，使多瑙河的污染更加严重。多瑙河受污染，作为承接多瑙河河水的黑海必然也难以逃脱其害。生态环境的严重恶化已经直接威胁到了黑海海洋生物的生存与繁衍，黑海

※ 多瑙河被污染

※ 多瑙河被污染

的水生资源损失惨重，鱼类品种也在不断减少。

◎尼罗河的污染情况

　　尼罗河早已经被一些国际组织列为污染最严重的河流之一。尼罗河的污染源主要是两岸工厂排放的废物、未经处理的生活污水、含有大量化肥以及农药残留物的农业废水等。其中，工业废水是尼罗河的最大污染源，由于工业废物成分复杂，传统的水处理技术已经很难保证河水净化。另外，农田排放的废水中还含有大量的杀虫剂，也增加了水处理的难度。由于上述污染因素的综合影响，尼罗河水中的细菌、病毒和其他微生物的含量已超过正常标准的数十倍，铅、汞、砷等有毒物质的含量也远远超过世界卫生组织规定的指标。

拓展思考
1. 生活中有哪些水是人为污染的？
2. 你还知道哪些河流被污染严重？

地球上的江河海洋

呼吁人类爱惜大地"血液"

Hu Yu Ren Lei Ai Xi Da Di "Xue Ye"

地球上可以利用的水其实并没有人类想象中的那么多，假如地球上全部的水装在一个大桶里的话，我们能用的只有一勺，而这一勺水中的一小部分又已经被污染，那么人们再不好好珍惜水资源、保护水资源的话，早晚它会消失在宇宙之中。因此，保护水资源是人类最伟大、最神圣的天职。

◎保护措施

水资源保护是一项社会性的公益事业，我们必须改变传统的用水观念，要让大家认识到水是宝贵的，每冲一次马桶所用的水，就相当于有的发展中国家人均日用水量；夏天冲个凉水澡，使用的水相当于缺水严重的国家几十个人的日用水量；水龙头没有拧紧，一个晚上流失的水则相当于非洲或亚洲缺水地区一个村庄居民全天饮用的总量，这是经过联合国有关部门多年调查而得出的结果。所以，人们一定要建立起水资源危机意识，把节约用水作为自觉的行为准则。

我们首先要做到：有珍惜水的意识，只有意识到"节约水光荣，浪费水可耻"，才能时时处处注意节水。对工业而言，尤其是对于一些高消耗水的行业，我们要把如何优化水系统的运行，如何提高循环水的浓缩倍数，怎样才能提高水资源的循环利用等，作为目前节水工作的重点，积极组织、提高水的综合利用率，同时也要制定一系列切实可行的操作制度，减少水源浪费现象。

▶ 知识链接

水是一种有限的资源，安全的淡水是维持地球上生命的基本元素，为了推动对水资源的综合性统筹计划与管理，加强水资源保护，解决日益严峻的缺水问题，开展广泛的宣传教育以提高公众对开发以及保护水资源的认识，变得越来越重要。1993 年 1 月 18 日，第 47 届联合国大会确定自 1993 年起，把每年的 3 月 22 日定为世界水日。

另外，要合理开发水资源，避免水资源破坏。比如，有些采矿行业对水资源也能造成一定的破坏；无限度的滥砍乱伐，会造成植物严重破坏，对水土保湿以及水资源的地表埋藏也会造成一定的影响。

　　除此之外，还要进行水资源污染的防治工作，生产过程中产生的工业废水、垃圾、生活污水等都会通过不同渗透方式造成水资源的污染，给人类生活带来极坏的影响。因此，应该对工业、生活中的垃圾和污水采取有效防治，生产污水应根据性质不同采用相应的污水处理措施，实现对水资源的综合利用。

拓展思考

1. 保护水资源你应该怎么做？
2. 世界水日是什么时候？

地球上的江河海洋